人工智能

关键技术应用与发展探究

马彦图　尹　萍　李　杨／著

中国商业出版社

图书在版编目（CIP）数据

人工智能关键技术应用与发展探究 / 马彦图，尹萍，李杨著. -- 北京 : 中国商业出版社，2025. 1. -- ISBN 978-7-5208-3302-8

Ⅰ. TP18

中国国家版本馆CIP数据核字第2024282X68号

责任编辑：葛　伟

中国商业出版社出版发行
（www.zgsycb.com　100053　北京广安门内报国寺 1号）
总编室：010-63180647　编辑室：010-83118925
发行部：010-83120835/8286
新华书店经销
北京七彩京通数码快印有限公司印刷
*
710毫米 ×1000毫米　16开　10印张　204千字
2025年1月第1版　2025年1月第1次印刷
定价：50.00 元
* * * *
（如有印装质量问题可更换）

前　　言

在当前科技飞速进步、蓬勃发展的新时期，人工智能（AI）技术已然崛起为推动社会前行与经济增长的关键驱动力。这一技术不仅在学术界激起了广泛且深刻的探讨热潮，亦在工业界实现了大规模的广泛部署与应用。得益于计算能力的持续增强与数据资源的不断累积，人工智能技术已深入渗透至众多行业与领域之中，诸如医疗健康体系、自动驾驶辅助技术、金融服务业、教育领域、虚拟人物开发、游戏行业、个人助理服务以及军事战略应用等。随着人工智能技术在不同维度的持续演进与多元化拓展，它日益成为现代社会架构中不可或缺且极具影响力的核心要素。正因如此，人工智能技术赢得了来自社会各界的广泛赞誉与深切关注。自人工智能技术问世以来，关于其与人类社会深度融合的种种设想与期盼便从未间断。凭借其在多个领域的卓越成就与无限潜力，人工智能技术持续向人类彰显着其非凡的魅力与深远价值。然而，与此同时，人工智能技术的应用亦伴随着一系列潜在风险与挑战，引发了人们的忧虑与误解。因此，如何在促进人工智能技术发展的同时，有效识别、规避并应对这些潜在风险，已成为当前亟待攻克的重要议题。唯有在确保人工智能技术安全、可靠运行的基础上，方能充分释放其在各领域的巨大潜能，为人类社会创造更多的福祉与利益。

本书致力于探讨人工智能技术及其应用的演进历程，对人工智能关键技术进行了深入解析，阐述了人工智能技术在教育、医疗、虚拟数字人以及交通等多个领域的具体应用，讨论了人工智能技术在应用中所面临的伦理挑战及其相应的治理框架与策略。本书紧密跟随信息技术与人工智能主流技术的最新发展趋势，全面且系统地构建了人工智能领域的广泛知识体系。在清晰明了地介绍人工智能技术基础理论的同时，本书还适当地深化了其应用层面的探讨，拓展了其广度与深度。因此，本书不仅适合人工智能相关领域的研究者与从业者阅读，也为对人工智能领域抱有浓厚兴趣的读者提供了宝贵的学习资源。此外，本书还可以作为电子信息行业从业人员的专业培训教材，助力其技能提升与职业发展。

前言

目　　录

第一章　人工智能技术概述

第一节　人工智能的起源和特征

一、人工智能的起源

（一）什么是人工智能

人工智能领域无疑是一个极具探索与挑战性的科研阵地。随着大数据、类脑智能以及深度学习等前沿技术的不断进步，新一轮的人工智能浪潮汹涌而至。当前，在信息技术、互联网等诸多领域，无论是搜索引擎、智能硬件、机器人技术、无人机应用还是工业 4.0 等热门话题，其发展的关键性突破点无不与人工智能紧密相连。人工智能本质上是在计算机平台上实现的智能形式，亦可视为人类智能在机器载体上的模拟再现，故而也被广泛称作机器智能。现今，人工智能作为计算机科学的一个重要分支，其研究范畴不仅涵盖了计算机科学本身，还深度交融了脑科学、神经生理学、心理学、语言学、数学等众多科学领域。因此，人工智能实际上已成为一门高度综合性的交叉学科与边缘学科，其研究视野与深度均展现出了前所未有的广阔与深邃。

迄今为止，人工智能领域已历经近半个世纪的探索与发展。关于人工智能的本质内涵，学术界众说纷纭，定义多样。然而，从根本上讲，人工智能旨在探究如何创造出能够模拟人类智能行为的智能机器或系统，从而拓展人类智能边界的科学领域。具体而言，人工智能（作为一门学科）在计算机科学领域内，专注于智能机器的研究、设计及应用，构成了其一个至关重要的分支。这一分支不仅涵盖了智能机器的理论探索，还涉及其实践应用的方方面面，共同推动着人工智能技术的不断进步与革新。

（二）人工智能的发展历史

人类对构建智能机器的憧憬与探索可追溯至三千余载之前。我国西周时期（前 1046—前 771 年）便流传着关于能工巧匠向周穆王献上机器人的传奇故事。而在东汉时期（25—220 年），张衡所创制的指南车更是被誉为世界上首例具备机器人雏形的装置。

与此同时，在遥远的古希腊时代，亚里士多德在其著作《工具论》中，为形式逻辑的发展奠定了坚实的基石。而布尔所创立的逻辑代数体系，则以一种独特的符号语言，精准地描绘了思维活动中推理的基本规律，这一成就被后世尊称为“布尔代数”，对后世逻辑学的发展产生了深远的影响。

1. 第一阶段：初创时期（1936—1956 年）

1936 年图灵发明了通用图灵机，它是一种理论上的计算机模型。通用图灵机被设想为有一条无限长的纸带，纸带被划分成许多方格，有的方格被画上斜线，代表“1”；有的方格中没有画任何线条，代表“0”。它有一个读写头部件，可以从纸带上读出信息，也可以往空方格里写信息。这个计算机模型仅有的功能是把纸带向右移动一格然后把“1”变成“0”，或者把“0”变成“1”。这是一种不考虑硬件状态的计算逻辑结构。通用图灵机是现代计算机的思想原型。

1946 年，第一台计算机 ENIAC 诞生，人类进入计算机时代。后来，美籍匈牙利数学家冯・诺依曼受到图灵的通用图灵机思想的启发，提出了具有存储程序的计算机设计理念，即将计算机指令进行编码后存储在计算机的存储器中，需要的时候可以执行程序代码，从而控制计算机运行。冯・诺依曼计算机奠定了现代计算机的基础，也是测试和实现之后的各种人工智能思想和技术的重要工具。

1948 年，控制论的创始人诺伯特・维纳提出关于具有自我调整、自适应、自校正功能的机器的理论。控制论对人工智能的影响在于，它将人和机器进行了深刻的对比：人类能够构建更好的计算机器，并且人类更加了解自己的大脑，因此计算机器和人类大脑会变得越来越相似。可以说，控制论是从机器控制的角度，在机器与人类大脑之间建立起了一种联系。控制论关于人与机器关系的思想，又启发后来的学者开发了早期的人工智能技术。

1952 年，IBM 科学家亚瑟・塞缪尔开发了跳棋程序。该程序能够通过观察棋子的当前位置，并学习一个隐含的模型，为后续走棋步骤提供更好的指导。通过这个程序，塞缪尔驳倒了当时一些学者持有的“机器无法超越人类”的观点。他还创造了“机器学习”这一概念。

在上述思想的影响下，1956 年，美国学者约翰・麦卡锡、马文・明斯基以及 IBM 的两位资深科学家克劳德・香农和尼尔・罗切斯特组织了一次学会，邀请包括赫伯特・西蒙和艾伦・纽厄尔在内的对“机器是否会产生思维”这一问题十分感兴趣的一批数学家、信息学家、心理学家、神经生理学家和计算机科学家参加。他们聚集在一起，进行了长达两个月的研究。此学会即达特茅斯夏季研究会。麦卡锡首次提出“人工智能”这一概念。这次学会并没有解决有关人工智能及机器思维的任何具体问题，但它为后来人工智能的发展确立了研究目标，并开启了人工智能发展的历史，使其发展至今。达特茅斯夏季研究会被广泛认为是人工智能诞生的标志，从此人工智能走上了快速发展的道路。

人工智能诞生之后的几十年，其发展大致有两条主线：一是从结构的角度模拟人类的智能，即利用人工神经网络模拟人脑神经网络以实现人工智能，由此发展而形成了联结主义；二是从功能的角度模拟人类的智能，将智能看作大脑对各种符号进行处理的功能，由此发展而形成了符号主义。

2. 第二阶段：形成时期（1957—1969 年）

在形成时期的 10 余年里，早期的数字计算机被广泛应用于数学和自然语言领域，用于解决代数、几何和翻译问题。计算机的广泛使用让很多研究人员坚定了机器能够向人类智能趋近的信心。这一时期是人工智能发展的第一个高峰时期。研究人员表现出了极大的乐观态度，甚至预测在之后的 20 年内人们将会建成一台可以完全模拟人类智能的机器。这一时期也奠定了人工智能符号主义学派的基础。该学派的核心思想是：智能或认知就是对有意义的表示符号进行推导计算，也是一种对人类认知的初级模拟形式。所谓符号就是人类借以表达客观世界的模式。任何一个模式，只要它能和其他模式相区别，它就是一个符号。不同的英文字母、数学符号以及汉字等都是不同的符号。

1958 年，康奈尔大学的心理学家和计算机学家弗兰克·罗森布拉特继承了控制论的联结主义方法之后，提出了“感知器”的概念，这在当时引发了一股研究热潮。后来，符号主义权威明斯基和西蒙通过对一种早期的人工神经网络模型——单层感知器进行分析，证明了当时的感知器模型不能实现异或操作，也就是不能解决非线性可分问题（一种数据分类问题），由此推断人工神经网络是没有未来的。

20 世纪 60 年代，其他一些非主流的人工智能技术也在悄然诞生。德国专家英戈·罗森伯格和汉斯·保罗·施韦费尔出于实际工程设计问题的需要，提出了基于达尔文进化论的进化策略，这是一种纯粹的数值优化算法，用以解决工程优化问题。这一行为实际上开启了基于进化论思想的进化计算领域研究的先河。

来自加州大学伯克利分校的拉特飞·扎德教授发表了著名的论文《模糊集》，奠定了模糊数学理论和模糊逻辑的基础。到 20 世纪 80 年代，研究人员基于模糊数学理论构建了成百上千的智能系统，它们被广泛应用于工业生产、家用电器、机器人等领域。

3. 第三阶段：发展时期（1970—1992 年）

发展时期大致分为两个阶段：20 世纪 70 年代和 20 世纪 80 年代。20 世纪 70 年代，人工智能的发展因并不符合预期而遭到了激烈的批评和政府预算限制。特别是在 1971 年，罗森布拉特早逝，加上明斯基等人对感知器的激烈批评，人工神经网络被抛弃，联结主义因此停滞不前。这是人工智能发展历程中遭遇的第一个低潮时期。

但是，即使是处于低潮的 20 世纪 70 年代，仍有许多新思想、新方法在萌芽和发展。20 世纪 70 年代初，美国学者约翰·霍兰德创建了以达尔文进化论思想为基础的计算模型，称为遗传算法，并开创了“人工生命”这一新领域。遗传算法、进化策略和20世纪90年代发展起来的遗传编程算法，一起形成了进化计算这一人工智能研究分支。

1970年，《人工智能国际杂志》创刊。该杂志的出现对开展人工智能国际学术活动和交流、促进人工智能的研究和发展起到了积极的作用。1971年，美国国防部高级研究计划局资助了一个由语音识别领域技术领先的实验室组成的联盟。该联盟雄心勃勃，计划创建一个具有丰富词汇量的全功能语音识别系统。虽然该计划在当时并未实现，但由此发展而来的语音识别技术如今已经嵌入了智能音箱等设备，进入了千家万户。1974年，保罗·韦伯斯提出了人工神经网络和深度学习的基础学习训练算法——反向传播算法。

1976年，西蒙和纽厄尔提出了物理符号系统假设，认为物理系统表现智能行为的必要和充分条件是它是一个物理符号系统。物理符号系统的基本任务和功能是辨认相同的符号以及区分不同的符号。1977年，爱德华·费根鲍姆在第五届国际人工智能联合会议上提出“知识工程”概念，知识工程强调知识在问题求解中的作用，主要的应用成果就是各种专家系统。专家系统是一种利用知识规则、推理和搜索技术实现对人类专家经验的模拟以解决某些专业领域问题的智能系统。

这一时期的一个重要特点就是，人工智能研究者意识到必须对智能机器的问题范围进行充分限制。在对通用的、人类惯用的解决问题的方式进行仿真，以创造出聪明的搜索算法和推理方法等技术的探索失败后，研究人员意识到，有一条出路是使用大量推理步骤来解决狭隘专业领域的典型问题，这使专家系统取得了快速的发展，并且发展出了医疗专家系统、农业专家系统等。专家系统使人工智能由理论化走向实际化，由一般化走向专业化，这是人工智能发展的一个重要转折点。

经历了一段低谷时期后，人工智能的发展在20世纪80年代迎来了第二个春天。这主要是由于专家系统对基于符号主义的机器架构进行了重大修订。这一时期，很多模仿人类学习能力的机器学习算法不断发展并越来越完善，机器的计算、预测和识别等能力也随之有了较大提升。与此同时，日本政府启动了一项关于人工智能的大规模资助计划，并启动了第五代计算机计划。联结主义也由于美国加州理工学院物理学家约翰·霍普菲尔德和加州大学圣地亚哥分校的认知心理学家大卫·鲁梅尔哈特所做的工作而重新受到了重视。

1982年，霍普菲尔德提出了霍普菲尔德神经网格模型，标志着人工神经网络的复兴。1986年10月，鲁梅尔哈特和美国卡内基梅隆大学的杰夫·辛顿等人，在著名学术期刊Nature上联合发表题为《通过反向传播错误的学习表征》的论文。该论文首次系统、简洁地阐述了误差反向传播算法在人工神经网络模型上的应用。此后，人工神经网络才真正地迅速发展了起来。

20世纪80年代，理论神经科学家大卫·马尔在麻省理工学院开展视觉研究工作。他排斥所有的符号化方法，认为实现人工智能需要自底向上地理解视觉的物理机制，而符号处理应在此之后进行。然而，明斯基认为，人的智能根本不存在统一的理论。1985 年，他在《心智社会》一书中指出，心智由许多被称作智能体的小处理器组成，每个智能体本身只能做简单的任务，其自身并没有心智，当智能体构成复杂社会后，就具有了智能。

1987 年，在美国加州圣地亚哥召开的第一届人工神经网络国际会议上，成立了国际人工神经网络学会，这标志着人工神经网络进入了快速发展时期。科学家已在研制神经网络计算机，并把希望寄托于光芯片和生物芯片上，一个以人工智能为龙头、以各种高新技术产业为主体的智能时代即将开启。但好景不长，专家系统过于复杂、性能非常有限等不足使原本充满活力的市场几近崩溃，日本政府也因此停止了第五代智能计算机研发工作，人工智能的发展在 20 世纪 80 年代末进入了第二次低潮时期。

20 世纪 80 年代后期，一种自底向上地创造智能的思想复兴了自 20 世纪 60 年代起沉寂下来的控制论。麻省理工学院教授罗德尼·布鲁克斯由此在 20 世纪 90 年代创建了行为主义学派。行为主义通过模拟从昆虫到四足动物以及人类等各种对象来创建各种智能机器人。在行为主义工作范式下，研究者进一步开展了人工生命和模拟进化的研究。依照人工生命倡导者的愿望，如果能够在机器上进化出生命，则智能将自然产生。

20 世纪 90 年代初，符号主义人工智能日渐衰落，人工智能研究者决定重新审视人工神经网络。

在人工智能发展的第三阶段中，整个领域比较大的收获是联结主义取得了较大进展，人工神经网络由于少数学者的坚持取得了很大进步。这种进步的意义在于，它助力了当代深度神经网络和深度学习技术的全面爆发，使人工智能进入了第四阶段。

4. 第四阶段：大突破时期（1993 年至今）

对于人工智能发展而言，大突破时期也是一个超越历史上任何一个阶段的、非凡的创造性时期。1993 年，计算机科学家弗诺·文奇在他发表的一篇文章中首次提到了人工智能的“奇点理论”。他认为，未来某一天人工智能会超越人类，并且会终结人类社会，进而主宰人类世界。这个时间点被他称为“即将到来的技术奇点”。

大突破时期，模拟自然界鸟类飞行的粒子群算法和模拟蚂蚁群体行为的蚁群算法以及用于求解函数优化等问题的各类算法相继出现，推动了从进化计算发展而来的计算智能、自然计算等人工智能分支的发展。

1995 年，美国贝尔实验室科学家科琳娜·科尔特斯和俄罗斯统计学家、数学家弗拉基米尔·万普尼克提出了软边距的非线性支持向量机，并将其应用于手写数字识别问题。这一研究成果在发表后得到了科学家广泛的关注和引用，其影响在当时远超人工神经网络。以支持向量机为代表的集成学习、稀疏学习、统计学习等多种机器学习方法开始占据主流舞台。在之后的几年里，深层次的人工神经网络并未受到关注。

1996 年，人工神经网络领域的重要人物雅恩·乐昆成为贝尔实验室的图像处理研究部门主管，开发了许多新的机器学习方法，包括模仿动物视觉皮层的卷积神经网络。

1997 年 5 月 11 日，国际象棋世界冠军卡斯帕罗夫与 IBM 公司的国际象棋计算机“深蓝”的 6 局对抗赛落下帷幕。在前 5 局以 2.5：2.5 打平的情况下，卡斯帕罗夫在第 6 局决胜局中仅走了 19 步就对“深蓝”甘拜下风。“深蓝”综合了多种人工智能知识表示、符号处理、搜索算法和机器学习技术，成为第一台在多局赛中战胜国际象棋世界冠军的计算机，这是人工智能发展史上的一个重要里程碑。

2010 年，斯坦福大学教授李飞飞创建了一个名为 Image Net 的大型数据库，其中包含数百万个带标签的图像，为深度学习技术性能测试和不断提升提供了一个舞台。

2012 年，Image Net 竞赛引发了“人工智能大爆炸”，杰夫·辛顿和他的学生亚历克斯·克里热夫斯基利用一个 8 层的卷积神经网络 AlexNet，以超越第 2 名（使用传统计算机视觉方法）10.8%的成绩取得了冠军。AlexNet 不仅可以让计算机识别出猴子，还可以使计算机区分出蜘蛛猴和吼猴以及各种各样不同品种的猫。

2015 年，微软亚洲研究院的何凯明等人使用 152 层的残差网络参加了 ImageNet 图像分类竞赛，并取得了整体错误率为 3.57%的成绩，这已经突破了人类平均错误率 5%的纪录。

2016 年，美国谷歌旗下的 DeepMind 公司开发的阿尔法围棋智能系统 AlphaGo 战胜了人类围棋世界冠军李世石。该系统集成了搜索、人工神经网络、强化学习等多种人工智能技术。这一事件也是人工智能发展史上的一个重要里程碑。

2016 年之后，以 AlphaGo 为代表的新一代人工智能引起了各国政府的关注。各国政府纷纷进行顶层设计，在规划、研发、产业化等诸多方面提前布局，掀起了人工智能研发的一场国际性竞赛。如今，深度学习技术在图像识别、语音识别、机器翻译等方面取得了很好的应用效果，对工业界产生了巨大影响。世界著名互联网巨头以及众多的初创科技公司纷纷加入了人工智能产品的“战场”，从而掀起了人工智能发展历史上的第三次高潮。基于人工神经网络发展而来的深度学习虽然取得了巨大的成功，但它并不是什么新方法。其成功很大一部分得益于一种图像处理器即图形处理单元的并行计算技术，以及超大型计算机的计算能力。

2019 年 1 月 25 日，DeepMind 公司开发的 AlphaStar 在《星际争霸 2》游戏中以 10：1 的战绩战胜了人类冠军团队。2019 年 5 月 31 日，DeepMind 公司的研究人员在 *Nature* 上发表相关论文，介绍了其在游戏智能体方面的新进展。当时，DeepMind 的设计被称为“for-the-win”（FTW）智能，它达到了人类水平，能够与其他智能体或人类相合作。之后，

DeepMind 又提出了被称为“自我游戏”的新智能体，该智能体在游戏中甚至能够超越人类选手。

近 5 年，超级计算、大数据与深度学习技术的结合也是引发人工智能第三次高潮的重要原因。相比于历史上任何一个时期，现阶段是联结主义人工智能对符号主义人工智能的胜利，以人脑神经网络为原型的联结主义成为实现人工智能的有效途径，但从长远来看，这并不代表符号主义的研究没有价值。实际上，在联结主义迅猛发展的同时，传统的符号处理、知识表示、搜索技术以及机器学习等强化学习技术也在不断发展。

2011 年，IBM 沃森超级计算机在美国一档名为《危险边缘》的智力竞赛游戏中打败了两位优秀的人类选手。IBM 基于沃森超级计算机的成果发展了认知计算。

2018 年 6 月，IBM 的人工智能产品“项目辩论者”参加了在旧金山举行的对战人类选手的公开辩论赛。在没有提前获知辩题的情况下，“项目辩论者”依靠强大的语料库，独自完成陈述观点、反驳辩词、总结陈述的整个辩论过程。2019 年 2 月 11 日，“项目辩论者”和人类冠军辩手在旧金山进行了史上第二次人机辩论赛。这套人工智能辩论系统作为“理智派”代表却选用了一个更感性的角度，试图通过人性弱点来说服人类。这套人工智能辩论系统具有强大的语义理解和语言生成能力。它的潜在价值在于，可以通过不断提升数据处理能力，为医生、投资人、律师甚至执法机关和其他政府工作人员在作出重要决策时提供客观、理性、无人性偏颇、无情绪左右的建议。

知识图谱是一种实现机器认知智能的知识库，是符号主义持续发展的产物。它在知识表示、知识描述、知识计算与知识推理等方面不断发展。自 2015 年以来，知识图谱在诸如问答、金融、教育、银行、旅游、司法等领域中进行了大规模的应用。从最初简单地对人类知识进行表示，到现在的大规模应用，知识图谱已经前前后后经历了将近 50 年的时间，并已成为发展以认知智能为目标的新一代人工智能的重要基础技术。

在联结主义和符号主义人工智能各自不断发展的同时，人工智能领域出现了脑机接口、外骨骼、可穿戴等人机混合智能技术。随着核磁共振等物理观测和仪器技术的进步，脑科学和神经科学不断发展，人们对大脑和神经系统在物理微观层面的认识也越来越深入，以大脑生物和物理为基础的类脑计算技术得以发展，类脑芯片、智能芯片等新型硬件产品和技术不断涌现。

时至今日，人工智能发展日新月异，人工智能已经走出实验室，离开棋盘通过智能客服、智能医生、智能家电等服务场景在诸多行业进行深入而广泛的应用。可以说，人工智能正在全面进入我们的日常生活，属于未来的力量正席卷而来。

二、人工智能的特征

（一）学习能力

在探索人工智能技术的最新进展时，我们不难发现，通过融合机器学习与深度学习等尖端科技，人工智能系统具备了在浩瀚数据海洋中挖掘宝贵知识与潜在规律的能力。这一过程不仅涵盖了数据的详尽分析、精准处理及深入理解，还深入到了数据挖掘与模式识别的层面，促使人工智能系统得以持续改进其性能，并显著增强决策效能。这种独特的学习机制赋予了人工智能在动态环境中适应与进化的能力，使之能够更加出色地应对各类复杂且多变的挑战。

具体而言，机器学习算法凭借对训练数据集的深度剖析，能够精准捕捉数据中的关键特征与隐藏模式。而深度学习技术则通过精心构建的多层神经网络架构，模拟了人脑复杂的信息处理机制，从而在数据处理的深度与精度上实现了质的飞跃。这些前沿技术的运用，使人工智能系统能够高效地从庞大数据集中提炼出有价值的信息，并通过持续的学习与迭代过程，不断优化其预测与决策的准确性。

综上所述，机器学习与深度学习等先进技术的融合应用，不仅赋予了人工智能系统从海量数据中萃取知识与规律的能力，还通过持续的学习与优化过程显著提升了其决策效能与适应能力。这使人工智能在面对复杂多变的任务时，能够展现出更为出色的表现，为未来的智能化发展奠定了坚实的基础。

（二）感知能力

在当代科技的快速发展下，人工智能系统凭借其配备的各种尖端传感器与数据收集装置，能够实现对周围环境的精确感知与深入理解。这些传感器与数据收集工具能够全面捕获环境信息，涵盖温度、湿度、响度、光照强度等多种维度。通过高效的数据处理与分析流程，人工智能系统能够实时地监测并评估其所处环境的当前状态，展现出卓越的感知能力。

在自然语言处理技术的加持下，人工智能被赋予了理解并生成人类语言的能力，这一进步极大地促进了人工智能与人类之间的有效沟通与互动。这一能力不仅提升了人工智能在处理复杂信息方面的表现，还使其在执行多样化任务时更加得心应手。值得一提的是，计算机视觉技术的应用范围已远远超出了静态图像识别的范畴，它同样在动态视频的分析中发挥着重要作用。通过这一技术，人工智能能够从视频中精准提取出物体的形状、颜色、运动轨迹等关键信息。这一能力为人工智能在多个领域，如自动驾驶、安全监控、医疗影像诊断等方面的广泛应用提供了坚实的基础，并展现出广阔的前景。综上所述，人工智能凭借其出色的感知与理解能力，正在不断拓宽其应用边界，为人类社会的智能化发展贡献力量。

自然语言处理技术的革新，为人工智能赋予了理解和生成自然语言的能力，这一能力不是仅局限于文字层面，还扩展至语音领域。借助深度学习与机器学习算法的精妙结合，人工智能得以深入钻研语言的语法结构、语义内涵及语境特征，进而实现对人类语言的精准把握与创造。这一显著进步，使人工智能在智能客服、语音交互助手、机器翻译等多个应用场景中展现出不可估量的价值。通过与人类的深度沟通与互动，人工智能能够更为细腻地捕捉用户的核心需求与潜在意图，从而提供更加贴心、个性化的服务体验。

进一步而言，人工智能通过集成各类传感器与数据采集装置，并凭借计算机视觉技术的强大支持，不仅实现了对周围环境的敏锐感知与深刻理解，还成功搭建了与人类进行有效沟通的桥梁。这些卓越的感知与交互能力，为人工智能在处理繁复信息、解析环境动态及执行多样化任务时提供了坚实的保障，使其在各领域的应用日益广泛，社会价值越发凸显。综上所述，人工智能正凭借其日益增强的感知、理解与交互能力，不断拓宽其应用边界，展现出广阔的发展前景与深远的社会意义。

（三）推理和决策能力

人工智能系统通过持续不断地学习以及对周遭环境信息的敏锐感知，能够深入展开逻辑推理并有效求解各类问题。它凭借对现有数据与知识库的充分利用，能够精心设计出最优或近乎最优的决策方案。这一卓越的推理与决策能力，使人工智能在应对各类复杂任务时展现出了非凡的实力。在医疗诊断领域，人工智能凭借其强大的数据处理能力，能够深入剖析海量的医学影像资料与病例数据，进而为医生提供更为精确的疾病诊断支持，显著提升了诊断的精确性与效率。而在金融分析领域，人工智能同样展现出了其无可比拟的优势。它能够高效处理与分析庞大的市场数据，从而制定出科学合理的投资策略，为投资者带来更高的投资回报率。综上所述，人工智能凭借其出色的推理与决策能力，在多个领域均能够提供高效、准确的解决方案，为各行各业的蓬勃发展注入了强大的动力。这一技术的应用，无疑极大地推动了社会的进步与发展。

（四）自主性和自适应性

在持续不断的学习与感知历程中，人工智能系统逐步形成了无须人类直接介入便能自主执行多样化任务的能力。这一过程不仅涵盖了对既有知识的吸纳与领悟，还延伸到了对新信息的即时捕捉与深度处理。依托机器学习算法与深度学习技术的双重驱动，人工智能系统能够不断精进其决策框架与行为策略，使得其在面对纷繁复杂的情境时，能够迅速响应并采取恰当行动。

尤为值得一提的是，人工智能系统所展现出的卓越自适应能力，赋予了它们根据环境变迁与任务需求灵活调整与优化的能力。具体而言，当面临新的任务挑战时，系统会自主剖析任务的本质特征与具体需求，进而对其内部参数与算法进行精细调整，以确保任务的高效完成。而在环境发生显著变化的情况下，人工智能系统则能凭借传感器及其他感知装置的辅助，实时捕获环境数据，迅速适应新的环境条件，确保各项功能的稳定发挥。综上所述，人工智能系统在学习与感知的连续进程中，不仅构建了自主执行任务的能力，还展现出了强大的自适应与调整能力，使其在面对多变的任务与环境时，能够保持高效、稳定的运行状态，为人工智能技术的广泛应用与深入发展奠定了坚实基础。

这种自主性与自适应性的紧密融合，赋予了人工智能系统在各类复杂且多变的环境中维持高效且稳定运作的非凡能力。无论是面对工业生产中瞬息万变的场景，还是在自然环境里持续执行多样化任务，人工智能系统都能展现出极高的灵活性，确保各项任务得以圆满完成。这一特质不仅极大地提升了工作效率，还显著降低了对人工直接介入的依赖性，从而为多个行业领域带来了深远的变革与影响。在工业生产环境中，人工智能系统能够迅速适应生产线的快速更迭与调整，确保生产流程的顺畅进行，提高了整体的生产效率与质量。而在自然环境下的任务执行中，人工智能系统则能凭借出色的自适应能力，有效应对各种不可预见的环境因素，保障任务的高效完成。这一系列能力的展现，不仅推动了生产效率的显著提高，还促进了工业自动化与智能化的深入发展，为各行各业带来了前所未有的机遇与挑战。

（五）交互能力

人工智能不仅拥有出色的交互性能，还具备通过尖端技术与人类开展自然、顺畅且高效沟通的能力。借助先进的人机交互技术，人工智能能以多元化的方式，包括语音、文字及图形用户界面等，与用户进行深度互动。在此过程中，它能够精准捕捉并理解用户的需求与指令，进而提供个性化的服务及即时反馈，这一特性极大地优化了用户体验。

随着科技的持续进步，人工智能在日常生活中的应用范围正日益扩大。它不仅能够协助人们高效完成各项任务，还能提供诸多便捷服务与帮助，从而显著提升人们的生活品质。从智能家居设备、智能个人助理到在线客服系统，人工智能正不断使人们的生活变得前所未有的便捷与高效。通过与人工智能的交互，人们能够更轻松地获取所需信息、解决各类问题，甚至享受更加丰富的娱乐与休闲时光。这种卓越的交互性能，使人工智能在多个领域内均展现出巨大的发展潜力与重要价值。

第二节　人工智能技术的应用领域

一、医疗健康领域

随着人工智能技术日新月异的进步，其在医疗健康范畴内的应用范畴正不断拓展并深化。诸如语音识别、语音互动、视觉辨识及视觉智能等技术的日益精进，为传统医疗领域内的语音处理、视觉分析及程序化作业等带来了更为丰富的潜在机遇。以下将详细阐述人工智能技术在医疗健康领域的五大核心应用维度。首先，是电子健康记录系统通过将患者诊疗历程的各个阶段以电子化存档的方式加以记录，简化了病历管理的烦琐流程，规范了患者的就医路径，并且显著增强了医疗诊断的精确度。其次，是人工智能技术在医疗影像的自主捕获与智能分析中的应用，优化了工作流程为专家在医疗影像解读过程中提供了有益的辅助，大幅度提升了诊断效率。再次，是医疗机器人技术在临床医学及护理医学两大领域均展现出巨大潜力。医疗机器人的研发不仅提升了手术操作的精确度与效率，而且在护理工作中有望替代部分常规、低技术含量的任务，为医护人员提供了宝贵的协助。复次，是人工智能技术通过持续监测体温、心率、运动量等生理参数，实现了对用户健康状况的即时管理，为个性化健康管理方案的制定提供了有力支撑，有效降低了慢性病及突发疾病的发生风险。最后，是在药物研发领域人工智能的应用主要集中在简化实验步骤、优化实验分析及强化信息检索研究等方面，显著加速了药物研发的进程，并提升了研究的效率与时效性。上述应用实例充分展示了人工智能技术在医疗健康领域的全方位渗透，为推动医疗服务品质的提升、医疗效率的增进以及患者健康的进一步保障提供了坚实的支撑。

二、自动驾驶领域

人工智能技术在自动驾驶领域的运用，核心目标在于推动驾驶作业的全面自主化。这一过程高度依赖于自动驾驶系统所具备的自主辨识能力、对交通规则的深刻理解以及应对紧急事件的高效策略。实现这一目标的关键在于构建卓越的感知体系，该体系的建立离不开传感器技术和视觉识别技术的双重支撑，它们犹如为自动驾驶系统装配了一双敏锐的人眼，使其能够全方位地捕捉周遭环境信息。这一能力不仅使系统能够实时感知外部环境、精确测量可操作空间，还能够对复杂的交通态势作出精准判断，从而在某种程度上超越了人类视觉的局限，实现了对周围环境的更为清晰、更为准确的认知。在感知与识别功能得以稳固确立的基础上，自动驾驶系统还需进一步对捕获的海量信息进行深度处理与分析。

人工智能技术在自动驾驶领域的深入探索与实践，其核心宗旨在于为人们的日常出行带来前所未有的便捷，同时大幅度削减交通事故的发生概率，从而有效应对由疲劳驾驶、酒后驾驶、注意力分散等一系列人为因素所引发的道路安全事故。此外，无人驾驶技术的广泛应用还具备另一项显著优势，即能够极大地缩减人们在驾驶过程中所需投入的时间成本，并为那些因缺乏驾驶技能而错失的出行机会提供有力的补偿。在当今科技日新月异的时代背景下，无人驾驶系统的成功研发与大规模推广使用，不仅显得尤为迫切，而且具有极其重大的现实意义与战略价值。

三、教育领域

随着人工智能技术不断进步及其在各领域的广泛渗透，教育领域对于这一前沿技术的需求日益凸显，具体表现在三个核心维度上。

一是如何提升教学任务的精确性与针对性已成为一项亟待解决的关键议题。面对基础教学知识的传授，教师个人能力的差异往往会导致教学过程中的差异化表现，这种差异化在特定学科如英语教学中尤为显著。举例来说，众多英语教师可能因缺乏深厚的专业底蕴，在发音准确性、词汇用法精确性等关键环节上难以给予学生准确无误的引导，从而使学生在英语学习的启蒙阶段就可能步入歧途，为后续的学习之路埋下隐患。人工智能技术的引入为教育领域带来了前所未有的机遇。通过积极探索与实践“人工智能+教育”的全新模式，可以充分利用教育机器人的独特优势，将其应用于特定的教学场景之中，以替代或辅助教师完成部分教学任务。教育机器人凭借其强大的数据处理与智能分析能力，能够为学生提供更加精准、更加专业的个性化指导，从而有效弥补传统教学中可能存在的不足，为学生的英语学习之路保驾护航。

二是有效缓解并逐步解决教育不公平问题已成为我国教育事业均衡发展的必要课题。教育不公平现象是一个不容忽视的问题，其根源在于师资力量的不均衡分布。由于各地区经济发展水平与对教育重视程度的差异性，全国范围内的教育水平呈现出明显的地域性不均衡态势。这种不均衡不仅体现在硬件设施上，还深刻地反映在教学质量与教育资源分配上。为了有效缓解并逐步解决这一问题，人工智能技术的引入成为一个值得期待的解决方案。具体而言，通过在全国范围内统一规划与部署教育机器人，可以实现对教学现状的显著改善，进而化解教育不公平的难题，推动我国整体教育水平迈向新的高度。教育机器人的广泛应用，能够以其标准化的教学模式与个性化的学习支持，为不同地区的学生提供相对均等的受教育机会，从而缩小教育差距，促进社会公平。与此同时，大数据时代的信息共享机制也为教育领域对人工智能技术的需求提供了强有力的支撑。在教育资源相对稀缺的背景下，创新性的教学方式与教师的宝贵经验成为亟待挖掘与共享的珍贵资源。借助大数据与人工智能技术，可以实现这些优质教育资源的数字化、网络化与智能化传播，使更多地区的学生能够受益于先进的教学理念与方法，进一步推动我国教育事业的均衡发展。

三是对人工智能技术日益增长的需求成为推动其深入应用于教育实践的重要动力。这一趋势不仅体现在传统教育工具的智能化升级上，更在于一系列创新产品的涌现，它们将人工智能技术与教育领域紧密结合，共同探索更加高效、智能的教学模式。无论是点读机的广泛应用、英语流利说平台的兴起，还是智伴机器人的创新实践，都是这一融合趋势的生动例证。这些产品致力于通过人工智能技术，为不同学习需求的人群提供更加个性化、智能化的学习解决方案，从而推动教育方式的深刻变革。点读机通过智能识别与语音交互技术，为学习者提供便捷的点读学习体验；英语流利说利用自然语言处理与大数据分析，帮助用户提升英语口语流利度；智伴机器人融合语音识别、语义理解及情感交互等多种人工智能技术，为用户打造了一个全方位、智能化的学习伙伴。这些产品的出现，不仅丰富了学习者的学习工具选择，而且在一定程度上满足了不同学习风格与需求的学习者对于智能学习工具的迫切需求，为教育领域的智能化发展注入了新的活力。

四、金融领域

在金融领域，人工智能技术的运用已经迈出了坚实的步伐，并取得了令人瞩目的成就，其应用范围广泛涵盖了智能投资顾问、算法交易、欺诈检测、借贷与保险承销等多个关键领域。智能投资顾问服务依托先进的机器学习算法，为投资者量身打造个性化的投资策略。在这一过程中，算法会综合考虑投资者的资金规模、风险偏好等多重因素，精心构建出最优化的投资组合，旨在有效降低投资风险，同时提升投资回报率。算法交易则充分利用了人工智能在大数据处理、综合决策制定及信息高效搜集方面的卓越能力，在瞬息万变的金融市场中实现了交易的自动化，显著提高了交易执行的效率与准确性。尤为值得一提的是，量化交易作为算法交易的一个重要分支，它运用精密的数学模型对市场数据进行深度挖掘与分析，以此为基础预测资产价格的未来走势，并据此制定出科学合理的交易策略。这一模式的推广与应用，进一步加速了金融交易的自动化与智能化进程，为金融市场的稳健发展注入了新的活力。

五、军事领域

人工智能技术在军事领域的渗透与应用，具体体现在信息识别与处理能力的增强、决策速度的大幅提升等维度上。在信息识别与处理层面，人工智能技术凭借其卓越的信息识别与处理能力，显著提升了现代军队在图像辨识、数据解析及信息反馈等多个方面的效能，进而使军事力量的运用更加具备实时响应与精确打击的能力。在决策速度的提升方面，人工智能技术的自主学习与高速决策能力在军事对抗中扮演着至关重要的角色。它能够帮助军队在错综复杂、瞬息万变的战争环境中，迅速捕捉关键信息，并据此作出精准而高效的决策，从而在时间维度上占据先机，赢得宝贵的战略优势。

然而，人工智能在军事领域的应用并非毫无挑战。技术层面的挑战主要来源于对未知或意外情况的应对，这要求我们在人工智能的决策逻辑中，必须全面而深入地考虑各种潜在的、可能发生的情况，以确保其决策的可靠性与稳健性。与此同时，安全层面的挑战同样不容忽视，它涉及对人工智能技术自身的保护，以防止其被恶意破解或滥用，进而确保军事领域应用的安全性与稳定性。因此，在推动人工智能技术在军事领域的应用过程中，必须高度重视技术与安全两个方面的研发与管理工作，以构建更加完善、更加可靠的军事智能化体系。

六、个人助理领域

人工智能技术在个人助理领域的深入研发与广泛应用，其核心聚焦于全面提升用户的日常生活品质。当前市场上，已涌现出众多融合了人工智能技术的个人助理产品，诸如苹果 Siri、阿里巴巴天猫精灵、小米小爱同学以及百度小度等，它们均在这一领域内展现了人工智能技术的强大潜力。这些智能助理通过先进的语音识别技术，能够与用户进行流畅自然的对话交流，进而通过高效的信息获取与处理机制，精准理解并执行用户下达的各项指令，包括但不限于拨打电话、提供导航服务以及执行信息检索任务等。更为先进的是，这些个人助理产品还具备强大的学习能力，能够基于用户的使用习惯与兴趣爱好，进行智能化的信息筛选与推荐。通过学习用户的偏好，这些助理能够更加精准地为用户提供个性化的服务，如推送用户感兴趣的新闻资讯、音乐内容或电影推荐等，从而在提升用户体验的同时，也进一步增强了产品的智能化水平。这一系列创新应用不仅展现了人工智能技术在个人助理领域的广阔应用前景，更为用户带来了前所未有的便捷与舒适。

七、电商零售领域

在电商零售行业中，人工智能技术的渗透与应用正日益广泛，其旨在为消费者提供更加个性化且便捷的购物体验。该领域内的主要应用涵盖了交互式对话系统、客户需求预测机制、智能推荐系统以及仓库自动化管理等多个方面。借助与电商平台的对话接口，消费者能够利用语音指令或上传图片的方式来表达购买意愿，而电商平台则依靠先进的语言识别与图像分析技术精准捕捉并解读消费者的购买需求，进而向其推送与之相匹配的商品信息。随着消费者购物次数的累积，该系统能够逐步学习并洞察其购买偏好，从而不断优化推荐算法，提供更加贴合消费者心意的商品建议。

在零售业态的创新实践中，无人超市的涌现无疑是人工智能技术在仓库自动化管理领域的一次成功应用。通过集成人像捕捉与识别技术，无人超市能够实时监测并记录消费者在店内的选购行为，同时，配备的自助服务终端则负责高效处理商品结算流程，实现了零售业态的无人值守化运营。这些先进技术的运用，不仅极大地提升了消费者的购物满意度，而且为零售行业带来了更为高效、更为智能的运营管理模式。

值得注意的是，人工智能技术的应用范围远不止于此，其在教育、医疗、虚拟数字人以及交通等多个领域均展现出了巨大的应用潜力与广阔的发展前景。在接下来的章节中，将详细探讨人工智能在上述领域内的具体应用及其所带来的深远影响。

第三节　人工智能技术对人类社会的影响

一、人工智能技术对人类社会生产的影响

生产活动是人类社会最为基础且贯穿始终的实践活动，针对这一核心议题，马克思与恩格斯从唯物史观的视角，对其进行了全面而系统的阐述。他们指出，社会生产主要涵盖以下三个维度。首先是满足人类基本生活需求的资料生产，这涉及吃喝住穿等物质生活层面的供给。其次是人类自身的再生产，即人口的繁殖以及随人口增长而不断形成与扩展的社会关系的再生产，这一过程不仅包括了基于生育的自然关系再生产，更强调了人们在共同的物质生产活动中，通过相互交往与协作所构建的社会关系的再生产。对于人类社会而言，相较于自然关系，这种社会关系再生产的重要性更为凸显，它是建立在物质生产基础之上的。最后是思想、观念与意识的生产，即精神生产。简而言之，这三个维度分别对应着物质生产、社会关系生产以及精神生产。值得强调的是，在社会关系生产中，社会关系并非仅仅局限于因生育行为而产生的自然关系，而是更多地体现在人们在共同的物质生产实践中通过持续的交流与合作所形成的社会联系与结构。对于人类社会而言，这种基于物质生产活动的社会关系再生产，相较于自然关系而言具有更为深远的意义与影响。与此同时，精神生产与物质生产之间存在着显著的差异，两者并不能简单地等同视之。精神生产具有其相对的独立性，它实际上具备着上层建筑的特性，即它是以物质生产为基础，但又超越了物质生产的直接范畴，展现出更为丰富与复杂的内涵。因此，在探讨社会生产的过程中，需要充分认识精神生产与物质生产之间的这种既相互联系又相互区别的关系，从而更加全面地把握社会生产的本质与规律。下面将从物质生产的生产力和生产关系两个方面分析人工智能技术对人类社会生产的影响。

（一）人工智能技术对社会生产力的影响

生产力是人类改造自然所依赖的一种物质力量，它源自具有劳动能力的人（劳动者）与劳动资料相结合，对劳动对象进行加工与改造的过程。生产力的构成涵盖三大核心要素：首先是拥有一定生产经验及劳动技能的劳动者，他们构成了生产力的主体；其次是劳动资料，特别是以生产工具为核心的各类资源，它们为生产活动提供了必要的手段与工具；最后是劳动对象，这既包括自然界中未经加工的原材料，也包括经过人类劳动加工后的各类物质。在当前社会，先进生产力的发展日益依赖于科学技术的进步，而科学技术作为推动生产力跃升的关键因素，正发挥着越来越重要的作用。其中，人工智能技术作为科

学技术领域的一种重要形态，其在劳动者、劳动资料以及劳动对象上的广泛应用，将对社会生产力产生广泛而深远的影响。人工智能技术不仅能够提升劳动者的生产效率与技能水平，还能优化劳动资料的使用效率，同时拓宽劳动对象的范围与深度，从而全面推动社会生产力的革新与发展。

1. 人工智能技术对劳动者劳动的替代与创新

过往，科学技术进步驱动生产朝向机械化、规模化及自动化方向发展，并伴随着机器的持续迭代升级。这使机器生产的成本逐渐低于人力成本，且生产效率远超人类劳动，进而导致劳动者的工作被逐步取代。与之相似的是，人工智能技术的运用与强化在生产领域的介入同样会对劳动者的劳动产生替代效应。就目前观察而言，人工智能技术在两大类型的劳动者群体中展现出了最为显著的替代作用。首先，人工智能技术将取代那些从事纯粹体力劳动的劳动者，他们主要负责执行简单、机械性且重复性高的体力劳动。这类劳动者的技能层次相对较低，所处的劳动环境往往较为恶劣或存在较高的风险，他们主要分布在农业与工业两大领域，典型的代表包括农民、农民工以及低技能水平的工人。其次，人工智能技术还将对专业化程度较高且工作程序化明显的脑力劳动者构成替代威胁，这部分劳动者可被视为中等技能水平的群体。他们的工作内容多涉及事务性处理，由于这类工作的规律性与程序性特征显著，人工智能通过深度学习技术能够轻松掌握并高效执行，因此他们面临被替代的风险同样巨大。这类脑力劳动者的工作往往需要投入大量的时间与精力去学习并掌握大量的文本类知识，然而相比之下，人工智能在处理此类任务时不仅效率更高，而且准确性更强，典型的此类职业包括翻译工作者、法律从业者以及导游等。

仅将视角局限于人工智能技术对劳动者劳动的直接替代作用是狭隘的。事实上，新技术的应用在取代部分工作岗位的同时，也会催生出全新的职业机会，这一点与第二次工业革命时期汽车取代马车所带来的职业变迁有着异曲同工之妙。尽管马车车夫的岗位被取代，但司机这一新兴职业却应运而生。同样地，随着人工智能技术的蓬勃发展，一系列新兴行业如雨后春笋般涌现，并创造了大量新的职业岗位，而传统行业也在技术的迭代升级中不断调整与优化自身的职业结构。首先，人工智能技术的广泛应用催生了对机器研发、升级、维修及保养等专业人才的需求。尽管智能机器的设计初衷是替代人类完成特定工作，但其仍然需要一支庞大的专业团队来确保其稳定运行并实现生产目标。其次，人工智能技术不仅推动了新产品的诞生，还激发了新的市场需求。例如，“滴滴”智能出行平台的出现催生了网约车司机这一新兴职业，为传统出租车行业带来了创新，并提供了数以千万计的就业岗位，目前已有超过 1000 万名网约车司机完成了注册登记。此外，在服务业中融入人工智能技术，不仅实现了机器对人类重复性劳动的替代，而且为劳动者提供了更具价值的工作机会。这有助于更好地展现人类作为智慧生物的独特价值，使人类的共情能力、创新思维以及灵感迸发等潜能得到了充分发挥。

综上所述，人工智能技术对劳动者劳动所产生的影响，无论是替代效应还是创新效应，都对劳动者整体劳动素质的提升起到了积极的促进作用，并促使劳动结构发生深刻的调整。在这一过程中，原本处于低等、中等技能水平的劳动者将逐渐迈向更高层次的技能发展路径，与此同时，众多原本在第一、第二产业中就业的劳动者将逐渐向第三产业转移。此外，人工智能技术在生产领域的广泛应用还将进一步细化劳动分工，使生产过程中的各个环节更加专业化、精细化。这一趋势不仅提高了生产效率，还极大地推动了社会生产力的快速发展。依靠人工智能技术的助力，劳动分工的深化不仅促进了资源的优化配置，还激发了劳动者的创新潜能，为社会的持续进步提供了强大的动力。

2. 人工智能技术对劳动资料的更新

劳动手段，即劳动资料，构成了劳动者与劳动对象之间的桥梁，是劳动者在劳动进程中作用于劳动对象、用以改造自然所采用的物质资料或工具，其核心在于劳动工具的运用。追溯至人类历史的早期，劳动工具最初的形式便是人类自身的双手。可以说，劳动资料是人类智慧的结晶，是对自身生理机能的延伸与拓展，且随着人类劳动技能的日益精进而不断演进与更新。在此背景下，当我们引入具备人工智能技术的劳动资料、利用人工智能设备进行生产活动时，尽管这些设备能够执行与人类劳动相同目标的任务，甚至在某些方面超越了人类的能力，我们依然将其视为劳动工具的一种高级形态，其本质属性仍然归属于劳动资料，而非一种新型的劳动者类型。人工智能技术的融入，并未改变劳动资料作为连接劳动者与劳动对象的媒介角色，而是极大地丰富了劳动工具的功能与效率，推动了生产方式的深刻变革。

当前，工业领域正经历着一场前所未有的科技变革，其核心是智能制造的兴起。与历史上的前三次科技革命相比，这一次变革不再仅仅局限于满足制造方的生产需求，而是深刻转变了思路，从用户的价值需求出发，致力于生产个性化、定制化的产品，这一转变与我国当前深化供给侧结构性改革的工作主线不谋而合。工业机器人，作为智能制造的重要组成部分，是一种具备移动功能并能根据预设程序进行自动控制操作的智能生产设备。它们根据不同的生产需求，被细分为搬运机器人、焊接机器人、装配机器人、切割机器人等多种类型，这些机器人是机电一体化与数字化技术的完美结合，蕴含着极高的人工智能技术价值。通过人工智能技术的运用，各类机器设备得以紧密相连，形成了一个集感知、学习、推理、决策与执行功能于一体的智能生产系统。这一系统能够自主驱动生产线的运转，显著减少了人工干预，实现了设备间的高度互联与通信，从而大幅提升了生产效率与灵活性。

将人工智能技术融入劳动资料（劳动工具）之中，能够使其在生产过程中展现出更高的智能化水平。大规模应用智能化的劳动资料，将显著增强生产效率，推动产品数量与质量实现双重提升，呈现出日益优化的态势。当具备学习能力的人工智能技术设备被引入生产线，它们能够自主进行升级迭代，从而有效缩短生产周期，加速资金周转速度，对生产发展的推动作用越发显著。在此背景下，智能化的劳动工具崭露头角，其应用成为衡量生产力水平高低的关键因素，其重要性日益凸显。

3. 人工智能技术对劳动对象范围的扩展

在生产劳动的过程中，劳动者所涉及并与之发生有目的性劳动行为的所有事物，我们称之为劳动对象。劳动对象与劳动工具共同构成了生产资料的基础框架。值得注意的是，劳动对象在历史上的出现时间早于劳动工具，事实上，早期的劳动工具本身就是人类通过对劳动对象的加工改造而形成的。随着人类思维与主观能动性的不断演进与强化，对自然界的认知与改造能力也随之提升。科学技术的飞速发展，为人类打破了空间上的限制，不仅能够探索并发现新的物质，还能对已知物质的其他潜在有用属性产生新的认知。

在这一过程中，劳动对象的种类日益丰富，其范围随着人类劳动技能的提升而不断拓展。随着人类制造技术的不断进步，新一代劳动工具被用于更加广泛的劳动对象上。这些劳动工具不仅提高了生产效率，还极大地扩展了劳动对象的利用范围，推动了人类文明的持续进步与发展。

以人工智能技术在物理、化学、生物等自然科学领域里基础科学研究中的应用为例，我们来探讨其对劳动对象范围扩展的深远影响。这些自然科学的研究过程，从设计、实验、测试直至验证，无一不依赖于对数据的全面搜集、精心选择以及深入分析，旨在揭示其中的因果关系，进而解决科学难题。在此过程中，人工智能技术的引入，特别是语义分析、神经网络以及机器学习算法等先进手段的应用，显著加速了各个环节的推进速度，极大地降低了重复性劳动的成本，并有效降低了失败实验的发生概率。语义分析技术能够精准理解并处理科学文献中的复杂信息，为科研人员提供更为丰富的数据支持；神经网络通过模拟人脑的学习机制，实现了对实验数据的快速学习与模式识别，为科研决策提供了科学依据；机器学习算法能够基于大量历史数据，预测实验结果，优化实验设计，从而进一步提升科研效率。这些技术的综合运用，不仅拓宽了劳动对象的范围，还使科学研究的过程更加高效、精准，为推动自然科学的发展注入了新的活力。

人工智能技术的深入应用，将极大地促进人类以更为高效的方式探寻到成本更为低廉、种类更为繁多且质量更为上乘的劳动对象，并持续提升对这些劳动对象的利用效率。劳动对象范围的持续扩大以及整体质量的显著提升，对于推动社会生产力的蓬勃发展具有极为深远的积极影响。这一进程不仅拓宽了人类可利用资源的边界，还进一步优化了资源的配置与使用，为社会的持续进步与繁荣奠定了坚实的基础。

（二）人工智能技术对社会生产关系的调整

人工智能技术对生产力各构成要素的影响势必会波及由生产力所决定的生产关系，进而产生广泛且深远的连锁效应。生产关系作为生产力进步不可或缺的社会土壤，唯有在一定的社会架构中，生产力的三要素——劳动者、劳动资料和劳动对象——方能凝聚为现实的生产力。生产关系本质上是在物质财富创造过程中逐步构建起来的一系列社会关系网络，它涵盖了生产资料的所有制形式、个体在生产活动中的位置与相互关系以及产品分配的具体模式。作为新一轮科技革命浪潮的核心驱动力，人工智能技术同样会引领生产关系的深刻变革，对上述三个维度产生显著的触动。

1. 人工智能技术对生产资料所有制形式的影响

生产资料所有制形式必须与当时的生产力发展水平保持适配，以确保社会经济结构的稳定与高效运行。因此，随着生产力的不断进步，生产资料所有制亦需相应地进行调整与优化，以适应新的生产条件与需求。

随着人工智能技术在生产领域的渗透日益加深，生产资料的表现形式已不再局限于传统的物质资料这一实体范畴，知识和数据这两种新型的虚拟生产资料正逐渐进入人们视野，这一趋势在一定程度上削弱了私有制的传统观念。首先，人类社会正稳步迈入人工智能的新纪元，越来越多的个体投身于学习与研发及直接或间接应用人工智能技术之中，脑力劳动已然成为当代劳动的主流形态。这一转变标志着人类社会已步入一个以知识为基石、脑力劳动为主导的知识经济新时代。人工智能在生产领域的广泛应用，不仅取代了大量的体力劳动岗位，促使这部分劳动者通过深化学习转型为脑力劳动者，而且在推动生产力发展的进程中，无论是从生产力发展的内在需求出发，还是从民众物质需求已得到基本满足、无须过早投身于物质资料生产的现实考量，都延长了人们接受教育、积累知识的时间，从而培养出了一大批高水平的脑力劳动者。这些脑力劳动者凭借自身的智力与知识创造剩余价值与财富，使知识作为一种新型生产资料被纳入生产过程之中。与工业产品所展现出的强烈排他性不同，知识具有共享性的特质，任何个体均可学习并运用知识产品，即等同于拥有了生产资料，这一变化有效避免了生产资料被个别人或组织所垄断，进而扩大了生产资料所有者的范围。其次，人工智能技术的持续发展离不开庞大的数据信息作为支撑，而每一位社会成员都是这些数据信息的提供者。与知识作为生产资料的情况相似，在人工智能时代，由于每个个体都能依托数据创造剩余价值与财富，数据信息的排他性更是无从谈起。在智能化生产模式下，企业间的协作日益趋向平台化与生态化，数据信息被存储在大数据系统中，随时可供调用，这意味着每个个体都有机会成为生产资料的拥有者。生产资料的所有权逐渐转移到更多的脑力劳动者与数据提供者手中，这一变化使生产资料所有制的形式越发复杂多样。越来越多的脑力劳动者通过知识要素入股，而采集与提供数据信息的人也日益增多，科技型企业如雨后春笋般涌现，形成了投资孵化、合作研发与知识入股相结合的全新混合所有制形态。

人工智能技术的快速发展，不仅显著替代了大部分体力劳动和部分脑力劳动，推动了生产效率的飞跃，同时也催生了新的就业岗位，并孕育出了“数据劳动”这一新兴劳动形式。这些变革共同作用于社会分工的细化进程之中，促使社会分工朝着更加精细化的方向发展。社会分工的各个不同阶段，不仅映射出生产力发展的不同阶段，也对应着所有制形态的多样化演变。换言之，社会分工的深化能够深刻影响个人与生产资料之间的关系，它如同一面镜子，映照出生产资料所有制形式的变迁。随着生产力水平的持续提升，社会分工呈现出日益细化的趋势。这一趋势不仅推动了社会经济的繁荣，也促进了生产资料所有制形式的不断演进。可以说，社会分工的细化是生产资料所有制形式不断向前发展的重要驱动力，两者相辅相成，共同推动着人类社会的进步与发展。

2. 人工智能技术对劳动者地位及其关系的影响

人工智能技术的广泛应用，为生产活动注入了新的活力，总体上提升了劳动者的地位。在未来，随着人工智能技术的进一步发展，不同劳动者之间的关系可能会经历一个先分化后趋同的过程。在初期阶段，由于技术应用的深度和广度存在差异，不同劳动者可能因技能水平、知识储备等因素而面临不同的机遇与挑战，从而导致其社会地位和经济收益出现一定程度的分化。然而，在长期发展视角下，随着人工智能技术的普及与教育的提升，劳动者将逐渐适应并掌握新技术，其技能水平和综合素质将得到提升，进而缩小不同劳动者之间的差距，使劳动关系趋于平等化。这一过程不仅体现了技术进步对社会结构的深远影响，也体现了人类社会在追求公平与效率之间寻求平衡的努力。

在未来，脑力劳动者与其所属机构之间的联结方式，将从以往根深蒂固的雇佣模式，逐步迈向一种更为平等且富有协作精神的合作关系。未来人工智能的新纪元，个体普遍掌握着海量的数据资源，这些数据如同赋能的钥匙，解锁了前所未有的潜能。在此背景下，传统的上下级从属模式将发生根本性转变，上级角色更多地转变为下级发展的促进者与平台的搭建者，这一变化无疑强化了双方之间的合作关系。从更宏观的社会视角来看，人与人之间的关系将经历一个复杂而微妙的演变过程。在过程初期，可能会呈现出一定程度的两极分化趋势。体力劳动者或技能水平较低的脑力劳动者面临着被自动化取代的紧迫风险，而与此同时，高水平的脑力劳动者则能够凭借其在认知领域的独特优势，进一步提升其社会地位。因此，在这一转型阶段，不同劳动者群体之间的差距可能会显著扩大。然而，值得注意的是，人工智能时代的到来也为社会阶层的流动性带来了新的契机。知识的广泛共享与无障碍获取，使个体跨越原有阶层的壁垒成为可能。通过接受高质量的培训与教育，每个人都有机会跻身更高的社会阶层。随着人工智能技术的日益普及与深化应用，人们掌握并熟练运用这一技术的能力将更为普遍。在这一趋势下，人与人之间的关系将逐渐趋于平等，不同群体之间的界限也将变得更加模糊。

3. 人工智能技术对财富分配的影响

分配，指的是社会主体对由全体劳动成果所汇聚而成的社会财富进行有序分割与合理配置的过程，其机制与模式历来是社会经济发展的核心议题。在分配方式的探讨中，主要聚焦于三种基本形式：按劳分配、按资分配以及按需分配。随着人工智能新技术的蓬勃发展，人类社会生产力实现了质的飞跃，为人类带来了前所未有的财富积累。然而，这一进程也对社会财富的分配格局产生了深远的影响。可以预见，随着人工智能技术的持续演进，人与人之间的关系将经历一个先分化后趋同的演变过程。相应地，社会财富的分配也将面临两极分化的潜在风险，但最终将趋向于更加公平合理的状态。

按劳分配，其本质在于根据劳动者所提供劳动的数量与质量来分配产品。步入人工智能时代，简单劳动（尤其是体力劳动）正逐渐被智能技术所替代，而复杂劳动（尤其是脑力劳动）则日益成为劳动力结构的主流。因此，按劳分配的标准也越发倾向于以脑力劳动的成果作为衡量依据，实行多劳多得的分配原则。那些具备更强人机协作能力和更高专业水平的脑力劳动者，在劳动力市场上展现出更强的竞争力，并能够在工作中创造出更多、更有质量的脑力劳动成果。

按资分配，是依据生产要素进行分配的一种模式。在人工智能时代背景下，主要关注知识与信息这两种关键生产要素。不同的劳动者因其所占有的生产要素数量与质量的差异，从而在分配中获得不同的收益。在人工智能时代，知识与信息已成为极具竞争力的核心资源。机器设备等有形资本在融入了知识与信息等无形资本后，能够创造出更大的经济价值。由于有形资本需要依赖无形资本进行更新换代，以在市场竞争中占据优势地位并获得更大的利润，因此有形资本对无形资本的依赖性日益增强，无形资本的价值增值也日益显著。在此背景下，拥有知识与信息的个体将逐渐认识到自身所拥有资源的重要性。

按需分配，作为马克思在《哥达纲领批判》中提出的理想分配方式，适用于共产主义的高级阶段。而人工智能技术的发展正加速着人类社会的演进进程。当前，共享经济作为一种新兴的发展模式已悄然兴起。共享经济以互联网、大数据和人工智能技术为支撑，允许机构或个人将其闲置资源的使用权有偿转让给他人。这一模式不仅有助于社会财富的公平分配，还促进了社会资源的高效利用。例如，共享单车、共享汽车、共享充电宝以及闲鱼平台上的二手商品交易等，都是共享经济在现实生活中的生动体现。

人工智能技术的迅猛进步无疑将对社会财富的分配格局产生深远影响。在市场经济体制下，初次分配环节往往难以避免地会产生一定的收入差距。然而，为了有效遏制这种差距过度扩大可能引发的社会不稳定因素，国家和政府会采取一系列包括税收调节、财政政策以及法律手段在内的宏观调控措施。这些措施旨在平衡社会财富分配，防止其偏离公平原则。与此同时，政府还将积极支持人工智能技术的进一步发展，以充分发挥其在提升生产力方面的巨大潜力。通过加大对人工智能技术的研发投入、优化创新环境以及推动相关产业的转型升级，政府期望能够加速物质资料的积累与丰富。这一过程不仅有助于增强国家的经济实力，也为实现更加公平合理的社会财富分配奠定了坚实的物质基础。从长远来看，随着人工智能技术的持续进步和社会经济的不断发展，社会财富的分配将逐渐趋向于更加公平的状态。这既得益于政府的有效调控，也离不开人工智能技术对社会生产力的积极贡献。在这一过程中，政府、市场与技术三者之间的良性互动将成为推动社会财富分配趋于公平的关键力量。

二、人工智能技术对人类社会生活的影响

随着科学技术的持续进步，机器正日益成为人类劳动的重要替代者，极大地减轻了人们的体力负担，使人们的双手得以从繁重的劳作中解放出来。与此同时，劳动者对于自身权益的维护意识也在不断增强，他们开始积极争取固定的工作时长，这一趋势不仅促使生产活动与生活领域逐渐分离，也为人们提供了更多的自由支配时间。在这样的背景下，人们对于个人生活的追求与向往愈发强烈，他们渴望在劳动之余能够享受更加丰富多彩的生活。当人们的物质生活需求得到满足之后，科学技术的普及与应用进一步拓宽了人们的视野和活动范围。随着信息时代的到来，人们开始更加注重精神生活质量的提升，对于丰富精神世界的偏向和要求也日益增多。他们渴望通过多样化的文化娱乐活动来充实自己的内心世界，追求更高层次的精神享受。下面将从三个方面深入探讨人工智能技术的发展对人类社会生活产生的深远影响。

（一）人工智能技术对人们物质生活的影响

人类在日常生活中对于衣食住行等基本需求的满足，均属于物质生活的范畴。物质生活作为人的基本生理需求，其核心在于追求身体的舒适与满足，这一过程离不开对人类物质资料生产所创造的产品与财富的消耗。当前，我们正置身于第三次人工智能浪潮之中，其显著特点之一便是人工智能技术已深度渗透人们生活的诸多领域，普及程度之高前所未有。从汽车制造到安全防护，从电子商务到医疗健康，再到教育体系与智能家居，人工智能技术的身影无处不在。以汽车行业为例，自动驾驶技术的快速发展不仅革新了驾驶方式，而且在提高道路安全、减少交通拥堵等方面展现出巨大潜力。在安保领域，智能监控系统的广泛应用有效提升了公共安全水平，为人们提供了更加安心的生活环境。在电子商务领域，人工智能技术的应用则极大地优化了购物体验，通过个性化推荐、智能客服等手段，消费者能够享受到更加便捷、高效的购物服务。在医疗与健康领域，人工智能技术在

疾病诊断、健康管理等方面的应用，为人们的健康福祉提供了有力保障。在教育领域，智能教学系统的出现，为学生提供了更加个性化、高效的学习体验。至于智能家居，通过物联网与人工智能技术的融合，人们的居住环境变得更加智能化、舒适化。综上所述，人工智能技术正以其独特的优势，深刻改变着人类的物质生活，不断提升着人们的生活品质。

1. 人工智能技术使网购开启新模式

随着互联网与信息技术的不断进步，网络购物这一新兴消费模式已日趋完善。消费者如今能够轻松地在互联网上搜索并挑选自己心仪的商品，随后通过电子订购单的形式提交购买请求，并借助电子支付手段完成交易。而卖家则通过邮寄方式将商品直接送达消费者家中，从而圆满结束整个交易过程。

在此过程中，人工智能技术以其卓越的计算能力、庞大的数据库资源以及精密的算法，为消费者带来了更为优质的服务与更高水准的客户体验。以穿戴与饮食两大生活领域为例，人工智能技术为人们获取这些基本生活资料提供了前所未有的便捷服务。

具体而言，首先，人工智能技术通过整合大数据、构建知识图谱以及运用机器学习等先进技术，在掌握大量文本与图片数据样本的基础上，对消费者过往的浏览记录、搜索历史以及购买档案进行深入分析与学习。这一过程能够精准地归纳出消费者的消费偏好与购物习惯，进而为消费者提供智能化的购物分析服务。这种服务不仅能够帮助消费者更加清晰地认识自己的消费需求，还能对网络中海量同类商品的购买评价进行深度剖析，从而为消费者精准锁定最佳购物选择。这一智能化服务极大地节省了消费者的时间与金钱成本，使他们能够更加高效地获取所需商品。其次，在购物指导层面，卖家借助先进的人工智能客户服务系统，能够为消费者在购买决策前后提供全天候的精确咨询服务。针对诸如根据身高体重三围推荐合适衣物尺码、评估衣物质量、选择邮寄快递服务等常见疑问，卖家通过部署专家系统与文字、语音识别技术的自动化应答机制，能够即时响应消费者的需求，有效避免了消费者的无谓等待，加速了购物流程，显著节省了时间成本。最后，在物流服务领域，引入机器人搬运工的应用，凭借其无须休息的特性，实现了快递包裹的大规模高效整理与分拣，显著提升了物流服务的整体效率。特别是在诸如“双十一”等大型购物促销活动期间，人工智能机器人能够在快递运输环节发挥巨大作用，而且在快递收取环节，面部识别技术的快速刷脸取件功能确保了消费者能够便捷地获取到自己心仪的商品，进一步提升了消费者的购物体验与满意度。

综上所述，人工智能技术的广泛融入，促使网上购物模式迈向了一个更为成熟、更具人性化色彩且效率更高的新阶段。这一变革不仅显著优化了消费者的购物流程，还在提升消费者的满意度与体验感方面展现出了积极的效应。具体而言，人工智能技术的运用使网上购物平台的响应速度更快、服务更加精准，从而极大地增强了消费者的购物愉悦感与满意度。

2. 智能家居使生活更加高效安全便捷

智能家居是以家庭住宅为基点，通过深度融合互联网技术、计算机通信技术以及人工智能技术，构建出家庭设备物联网的生态系统。这一系统将所有家庭设备集成于一个综合管理平台之下，借助智能终端实现对设备的远程管理和智能控制，从而在便捷性、安全性、舒适性、艺术性以及环保性等多个维度上，全面升级了人们的家居生活体验。目前，智能家居在单一设备的智能化方面已取得了显著成就，这包括照明系统、安保系统、窗帘控制、热水器控制以及音视频设备等。这些设备正逐步被纳入一个统一的智能系统中，实现了跨设备的协同工作与智能联动。在此过程中，人工智能技术发挥了举足轻重的作用，为智能家居的全面发展提供了强大的技术支撑。具体而言，人工智能技术通过自动控制技术、自然语言处理技术以及生物识别技术三大核心手段，驱动着智能家居系统的运行与优化。以下，我们将以这三项技术为切入点，深入探讨它们在实现智能家居过程中的关键作用与实际应用价值。首先，利用自动控制技术实现对家庭设备的日常管理，以达到科学高效的运维目标。以照明系统为例，该技术能够将家中所有照明设备集成至单一控制面板，通过编程设定多种照明模式，如离家模式、归家模式及夜间阅读模式等。这些模式均可无缝对接至电子智能终端（如智能手机、平板电脑及个人电脑等），使用户即便身处户外，亦能通过触屏操作，实时查看并调控家中的照明系统，极大地提升了家居生活的便捷性。其次，自然语言处理技术的引入，使家庭设备得以通过语音指令进行操控，实现了设备与人的日常语言交互。这一技术不仅简化了操作流程，还赋予了家居设备以人性化的交互体验，进一步提升了家居生活的智能化水平。最后，在安保系统中，生物识别技术的应用扮演了至关重要的角色。具体而言，通过录入个体的虹膜、指纹或面部特征等生物信息，结合生物识别技术，构建起一道坚实的防盗屏障。同时，图像识别技术与监控设备的深度融合，使用户能够随时远程监控家中无人时的安全状况。一旦系统检测到潜在危险，将立即触发报警机制，并自动通知用户，从而实现了安保系统的全面智能化升级。

智能家居正逐步改善着人们的生活质量，其通过将原本零散、无序的家庭设备整合为一个协同工作的有机系统，实现了多项设备间的智能联动。这一变革不仅有效降低了家用电器的电能消耗，同时也显著节省了人们的时间成本，使家居生活更加高效与便捷。展望未来，智能家居有望实现各设备间的全面互通，形成一个无须人工干预便能根据预设模式自动运行的系统。这一愿景的实现，将使家居设备能够根据不同的生活场景与需求，智能地调整其工作状态，从而在更大程度上提升生活的效率、安全性与便利性。届时，人们将能够享受到一个更加智能化、个性化的家居环境，进一步提升生活的幸福感与满意度。

3. 智能交通探索出行新方式

智能交通系统是将计算机通信技术、大数据技术、自动控制技术等先进技术深度融合，并应用于地面交通管理领域的综合智能系统。该系统通过将原本孤立分散的车辆、公路、交通信号灯以及道路监控设备等关键要素整合为一个统一的整体，实现了大范围、全方位且高度一体化的综合管理。这一创新性的应用模式在显著提升交通设施的运行效率、有效降低交通事故的发生概率、实时规避交通拥堵等方面展现出了卓越的效能。智能交通系统能够通过对海量交通数据的实时分析与处理，精准掌握道路通行状况，从而实现对交通流量的科学调控与优化分配。这不仅极大地提升了道路资源的利用效率，还有效缓解了城市交通拥堵问题，为市民提供了更加顺畅的出行体验。同时，智能交通系统还能够通过实时监测与预警机制，及时发现并处理潜在的交通安全隐患，从而有效降低了交通事故的发生概率，保障了市民的生命财产安全。总体而言，智能交通系统的应用，使交通设施得以发挥出最大的社会效益与经济效益。

随着人工智能技术的持续精进，人类的出行模式正逐步迈向更高程度的自动化与智能化。在不久的将来，或许能见证这样一个场景：当消费者提出出行需求时，距离最近的共享汽车将依托精准的定位技术与先进的自动驾驶系统，迅速响应并前往指定地点接驳乘客。在这一过程中，无人驾驶汽车能凭借其卓越的安全性能，在道路上稳健行驶。更为先进的是，这些汽车将能够与城市大脑紧密联动，实时获取并分析各条道路的车流量信息及交通拥堵状况，从而自动规划出最为省时且节能的行驶路线，确保乘客能够安全、准时地抵达目的地。然而，在推动这一愿景实现的过程中仍需面对诸多挑战。从技术层面来看，自动驾驶技术的完善与迭代仍需时日，以确保其在各种复杂场景下的安全性与可靠性。同时，在法律与管理层面，如何制定合理的政策法规以规范无人驾驶汽车的运营、如何建立有效的监管机制以保障乘客的权益等，都是亟待解决的问题。因此，需要不断探索与完善相关技术、法律与管理框架，以推动人工智能技术在出行领域的广泛应用，最终实现人类出行方式的全面升级。

（二）人工智能技术对人们精神生活的影响

精神追求是在个体基本物质生活需求得以满足之后，于意识层面萌生的更高层次的向往，它涵盖了个人在社会生活中对于心理满足、社交互动、思想交流、文化娱乐体验及精神层面的愉悦享受等多方面的需求。这一追求既受到物质生活的深刻影响与制约，同时也积极地反作用于物质生活。随着科学技术的日新月异、人们知识文化层次的不断提升以及社会文明进程的持续演进，精神追求在个体社会生活中的地位日益凸显，人们对它的重视程度也在逐步加深。在这一背景下，人工智能技术的蓬勃发展，无疑为人们的精神世界带来了前所未有的丰富与拓展。它不仅为人们提供了多样化的文化娱乐形式，促进了思想的广泛传播与交流，还极大地提升了人们在社交互动中的便捷性与趣味性，从而深刻地影响了人们的精神生活。然而，与此同时，人工智能技术的广泛应用也伴随着一些不容忽视的消极影响。因此，在享受其带来的精神生活丰富性的同时，也应警惕并应对这些潜在的挑战，以确保人工智能技术在推动社会进步与提升人类精神生活质量方面发挥更加积极的作用。

1. 人工智能技术丰富了人们的精神生活

人工智能技术对人类精神生活产生的积极影响，包括促进社交互动的深化、拓宽休闲娱乐方式的边界以及提升对美学追求的层次。

首先，人工智能技术在社交领域的渗透，尤其是其在通信设备中的广泛应用，显著改变了人们的社交模式。通过集成先进的人工智能芯片神经网络处理器（NPU），智能手机实现了前所未有的智能化水平，其数据处理能力与计算效率相较于过往有了质的飞跃。这一技术革新不仅加速了硬件与软件设备的迭代升级，更为人们提供了多样化的沟通手段与联系方式，极大地拓宽了社交网络的广度与深度。在此基础上，人们的社交范围得以扩展，心理距离被有效拉近，情感交流也因此变得更加直接且深刻。

其次，健康的休闲娱乐活动作为丰富精神生活不可或缺的一环，同样受到了人工智能技术的深刻影响。通过创新性地开发出一系列娱乐产品，人工智能技术不仅满足了人们的精神文化需求，还为休闲娱乐方式的多样化提供了可能。以电影和游戏为例，人工智能技术的应用不仅提升了这些娱乐形式的互动性与沉浸感，还使个性化推荐成为可能，进一步满足了不同人群的娱乐偏好。

最后，人工智能技术还在提升人们对美的追求方面发挥着重要作用。以往，参观博物馆、美术馆等文化场所往往需要耗费大量时间与精力，且常因预约困难或人流拥挤而影响观赏体验。然而，随着人工智能技术的不断发展，人们现在可以通过虚拟现实、增强现实等先进技术，实现远程参观与互动体验，从而在不受时间与空间限制的情况下，更加安心地欣赏文物与艺术作品，极大地提升了美学教育的普及度与深度。

2. 人工智能技术对人们精神生活的冲击

人工智能技术的迅猛发展浪潮，其影响力之广泛与深远，不仅为人们的精神生活带来了诸多积极的变化，同时也在一定程度上带来了不容忽视的冲击与挑战。一方面，这一技术的快速发展迫使人们的生活节奏显著加快，精神压力也随之增大，使得个体在精神层面上面临着前所未有的威胁与挑战。这种快节奏的生活方式，往往导致人们难以拥有足够的休息与放松时间，进而可能引发一系列心理健康问题。另一方面，人工智能技术的蓬勃发展离不开大数据的强力支撑。然而，大数据的广泛应用也带来了信息爆炸的副作用，使得人们在享受信息便利的同时，也面临着信息过载的困扰。海量信息的涌入，不仅可能导致人们在精神生活中迷失方向，难以筛选出真正有价值的内容，还可能引发注意力的严重分散，影响个体的专注力与判断力。更为严重的是，大数据的收集与处理过程中，个人的隐私信息面临着被泄露的巨大风险，这进一步加剧了人们在精神层面的不安与担忧。因此，在推动人工智能技术发展的同时，我们也应充分关注其可能带来的负面影响，并采取有效措施加以应对。

人工智能技术的迅猛进步将在一定程度上加剧个体的心理负担。这一技术革新在推动社会生产力发展的同时，也引发了劳动力市场的深刻变革，部分岗位因自动化技术的引入而被替代，同时，一些无法适应技术进步的岗位亦面临淘汰的风险。在当前物质生活资料尚未实现充分富足的背景下，一旦个体的工作岗位被人工智能所取代或淘汰，他们便需要积极寻求新的就业机会，以保障自身及其家庭成员的生存与发展所需。这一过程中，个体往往需要接受新的职业技能教育或培训，以适应新的工作要求。然而，在转换工作的过渡期内，尽管个体在时间上拥有一定的自由度，但他们不得不为下一阶段的社会必要劳动做好充分准备。这一期间，个体往往缺乏稳定的收入来源，而接受教育与培训的费用却需自行承担，这无疑增加了他们的经济压力。更为关键的是，完成教育与培训后，个体能否成功胜任新的工作岗位，还需经过严格的检验与选拔过程。这一系列的不确定性与挑战，使得人在精神层面承受着来自多方面的巨大压力，包括对未来就业前景的担忧、对自我能力的质疑以及对家庭经济状况的焦虑等。因此，在推动人工智能技术发展的同时，也应充分关注其对个体心理健康可能产生的负面影响，并采取相应的措施加以缓解。

（三）人工智能技术将促进人的自由全面发展

基于前文所述的人工智能技术对物质生活与精神生活诸多方面的广泛影响，可以得出如下结论：若将物质生活视为满足人类基本生理需求的基石，那么精神生活则是对人类心理追求与内在价值的深度探索。物质生活作为维系生命存续的根本保障，其重要性不言而喻，而精神生活则是对生命意义与存在价值的深度挖掘与追求。在物质生活得到基本满足的前提下，人们对于精神生活的向往与追求便油然而生。精神生活的丰富与文明程度的提升，又会反过来对物质生活产生积极的反哺作用，两者之间存在着一种相互依存、相互促进的紧密关系。展望未来社会，随着社会经济、科技、文化等各项要素的全面发展与提升以及人工智能技术的持续进步，人们对精神生活的追求将愈发强烈，对实现自身自由全面发展的渴望也将日益迫切。在这一过程中，人工智能技术无疑将成为推动人类追求自由全面发展的重要助力。它不仅能够帮助人们更加高效地满足物质生活的需求，更为关键的是，它还能够为人们的精神生活提供更加多元、丰富与便捷的体验与可能，从而助力人类在不断追求自我完善与全面发展的道路上迈出更加坚实的步伐。

1. 人工智能技术是实现人的自由全面发展的要素之一

物质条件的充裕构成了我们迈向理想生活的重要基石，而对精神层面的不懈追求则成为驱动社会持续进步与促进人的自由全面发展不可或缺的力量源泉。当前，我国社会的主要矛盾已然转变为人民日益增长的美好生活需要与不平衡不充分的发展之间的矛盾。这里的"美好生活需要"，不仅涵盖了物质层面的丰富与多样，更深刻地体现了对精神生活的深切渴望与高标准追求，它是对生活全方位品质提升的全面诉求，其中对精神生活的重视与要求尤为显著。实质上，人民群众对精神生活的需求，从根本上讲，是对能够自主支配时间的延长与充分利用的向往。人民群众对于更高品质生活的追求，其根基在于能够拥有更多可自由支配的时间。在这一背景下，人工智能技术的蓬勃发展与智能化设备的广泛应用，无疑为解决这一问题提供了新的可能。它们通过提高生产效率、优化生活流程等方式，在一定程度上为人民群众赢得了更多的闲暇时光，从而有助于满足人民群众对精神生活的更高层次需求，促进社会的全面发展与进步。

基于前文所述，人类社会的发展历程从初始的手工劳动阶段起，历经人与机器协同作业的阶段，正向机器全面实现生产自动化与智能化的第三阶段迈进。在这一过程中，现代科学技术的革新与应用扮演了至关重要的角色。当前，正处于从第二阶段向第三阶段转型的关键过渡时期，而人工智能技术的迅猛发展，无疑将为此进程注入强劲的动力，成为推动人类实现自由全面发展目标的关键因素之一。在这一转型的十字路口，人工智能技术的广泛应用不仅显著提升了生产效率，还深刻改变了劳动模式，使人类能够更多地从重复性、低效率的劳动中解放出来，拥有更多时间与精力去探索自我潜能、追求精神层面的满足与成长。因此，可以预见，随着人工智能技术的持续进步与成熟，它将在加速人类社会从第二阶段向第三阶段过渡的过程中扮演越来越重要的角色，为人类社会的全面进步与人的自由全面发展贡献不可估量的力量。

2. 人工智能技术促使人的本质得到充分发挥

人工智能技术的不断进步与广泛应用，正逐步引领着人类生活方式的深刻变革，其中最为显著的影响之一便是个人自由时间的显著增加。这一变化不仅为个体提供了更为充裕的时间资源，而且为人类劳动本质的充分展现开辟了广阔的空间。随着社会生产力的不断提升，人们的自由时间也将进一步增加，这一良性循环为个体提供了前所未有的发展机遇。人们得以在更加宽松的时间框架内，深入探索并发展自己的各项潜能。无论是艺术领域的灵感迸发，还是科学研究的深度挖掘，都将成为可能。在这一过程中，个体不仅能够追寻并实现内心真正的理想与目标，更能在多元化的能力发展中，实现自我价值的全面提升与综合能力的充分展现。综上所述，人工智能技术的应用与发展，为人类社会的整体进步与个体的全面发展铺设了坚实的基石。在这一进程中，自由时间的增多成为连接个人潜能释放与社会生产力提升的桥梁，引领着人类向着更加自由、充满创新与全面发展的未来迈进。

3. 人工智能技术促使人的能力不断扩展和提高

人类的能力构成了一个多元化的体系，涵盖了体能、智能、个性特质、社交技能、创新能力、道德情操以及志向兴趣等诸多层面。而谈及人的全面发展，其核心要义在于推动这些能力维度在充分性、和谐性与自由性三个维度上实现均衡且蓬勃的发展。所谓充分发展，是指个体应最大限度地挖掘并发挥自身潜能，确保每一项能力都能得到应有的展现与提升，避免任何能力的埋没与荒废。和谐发展则进一步强调了能力发展的内部与外部协调性。一方面，它要求个体内部各项能力之间能够相互促进、相互支撑，形成和谐共生的关系；另一方面，它倡导个体与他人、个体与社会之间能够建立起基于相互尊重与理解的和谐交往关系，毕竟人作为社会的有机组成部分，其能力的发展离不开社会这一大环境的滋养与塑造，两者之间存在着密切且深刻的互动关系。自由发展则是一个更为复杂且深刻的概念，它包含两个层面的含义：一是人类应当拥有充足的自由时间，以便能够从容地规划并实践个人发展路径，不被繁重的劳动或琐碎的事务所束缚；二是人类应当具备高度的自主性，能够基于自身的兴趣、志向与价值判断，独立自主地作出选择并付诸行动，实现个性化与差异化的发展。这种自由不仅是对个体权利的尊重，还是对个体潜能的最大限度激发，为人的全面发展提供了无限可能。

人工智能技术的广泛应用为人的能力提升及全面发展开辟了全新的路径，其促进作用主要体现在以下两个维度。一方面，人工智能技术的快速发展极大地丰富了人类的自由时间。在确保了充足自由时间的前提下，个体得以将更多的精力投入自身能力的发掘与培养之中，从而促使个人能力得到更为完善与全面的提升。这一过程不仅加速了个人潜能的释放，也为实现人的能力的全面发展奠定了坚实的基础。另一方面，人工智能技术的研发始终秉持着以人为本的原则，而非旨在与人类形成竞争关系。正如人类发明汽车是为了提升出行效率与便捷性，而非与马车竞速一样，人工智能技术的研发同样旨在为人类赋能，助力人类能力的提升。在这一意义上，人工智能扮演了一个至关重要的辅助角色，它作为一个强大的工具，能够协助人类更有效地开发自身潜能，推动个人能力向更高层次迈进。

三、正确应对人工智能技术发展带来的影响

人工智能技术的崛起标志着科学技术发展历程中的一次重大飞跃，它作为当前科技革命浪潮的领航者，已经在全球的生产与生活领域引发了深远的变革，并预示着未来还将持续带来颠覆性的影响，人类社会正稳步迈入人工智能的新纪元。在此背景下，世界各国纷纷加速布局，竞相争夺人工智能领域的战略高地，从多维度出发，加大对人工智能技术研发的重视与推动力度，形成了不可阻挡的人工智能发展热潮。我国正处于新一轮科技革命的关键节点，必须坚定不移地实施创新驱动发展战略，深刻认识人工智能技术对于国家发展的重要性，并紧抓这一历史机遇。从当前态势来看，人工智能技术为人类社会的进步带来了诸多积极影响，但与此同时，其潜在的消极影响也不容忽视。因此，需要从全局视角

出发，进行周密的规划与布局，以科学理性的态度，正确应对人工智能技术所带来的正负效应。通过全面评估人工智能技术的双重影响，可以为推动人工智能技术的健康发展以及构建更加和谐的人机共生环境提供有益的参考与借鉴。

（一）制定与人工智能技术相关的法律法规

人工智能技术目前仍处于不断探索与逐步成熟的阶段，其内在的不确定性特征尤为显著。针对这一技术发展过程中所带来的广泛影响及新兴挑战，强化国家的宏观调控职能，精准把握人工智能技术的发展脉络，并充分发挥国家的引领与规范作用显得尤为关键。在此过程中，构建与完善人工智能技术相关的法律法规体系，并非意在遏制或阻碍技术的创新步伐，而是旨在通过法律框架的设立，既激发人工智能技术的创新活力，确保其持续稳健的发展态势，又明确划定技术应用的不可逾越界限，有效防范技术的滥用与误用风险。当前，尽管我国已对人工智能技术发展的法律导向作出了明确界定，但在隐私保护、知识产权等关键领域的具体法律条款上，仍存在一定的完善空间。因此，加快制定详尽且全面的人工智能技术相关法律法规成为当务之急。同时，相关部门需不断强化对人工智能技术使用过程的监管力度，提升对潜在风险的防范意识，并设定一系列强制性规范，以国家层面的有力举措，推动并保障人工智能技术能够在健康、有序的环境中蓬勃发展。这一系列举措的实施，不仅是对技术进步的积极响应，还是对社会安全与公众利益的坚实守护。

（二）建立和完善社会保障制度

为了构建一个更加公正、和谐且稳定的社会发展环境，需致力于社会保障制度的全面建立与优化。这一制度应特别关注那些因工作被人工智能技术替代而处于待业、接受再教育及培训状态的劳动者，以及那些难以掌握或仅能初步掌握人工智能技术的劳动力群体。通过向他们提供必要的物质援助，在满足民众最基本的生活需求的同时，通过提供系统的培训项目，助力这些劳动者重新习得适应时代要求的新技能，从而跟上技术发展的步伐。社会保障制度的完善，不仅能够有效地分散劳动者可能面临的各种风险，还能够平衡不同技能层次人群之间的收入差距，进而缓解由人工智能技术快速发展所带来的社会两极分化现象。此举对于缩小贫富差距、促进社会公平以及维护社会的和谐稳定发展具有深远的意义。此外，通过防止因社会分配不公而引发的潜在社会动荡以及降低失业率，能够为社会的和谐稳定发展奠定更为坚实的基础。因此，建立和完善社会保障制度，不仅是实现社会公平与正义的重要途径，也是保障社会长治久安的关键一环。

（三）全方位推广人工智能教育

针对未成年人群体，应当积极推进以人工智能为核心的基础教育改革与发展。在人工智能时代背景下，现代教育的宗旨已不再局限于使学生单纯掌握课本知识以应对考试，还包括深入挖掘人脑的无限潜能，激发学生的好奇心、想象力及创新能力。知识的获取过程，亦不应停留于被动接收与短期记忆的层面，而应转变为一种主动探索与终身学习的态度。因此，基础教育体系需着重培养学生的自主学习意识与能力，使他们能够主动寻求知识，掌握持续学习的技能。这些能力不仅是未来社会个体适应人工智能时代不可或缺的素养，也是推动社会进步与创新的重要基石。通过强化学生的自主性与创造性，可以为他们铺就一条通往未来、拥抱人工智能时代的坚实道路，确保他们在日新月异的技术浪潮中保持竞争力与适应性。

针对那些选择投身于人工智能领域相关专业学习的大学生，应当给予高度的重视与大力培养。为实现这一目标，构建一套专业化、精细化的课程体系显得尤为重要。为此，需制订详尽的专项培养计划，并赋予各开设人工智能相关专业的院校以自主权，允许它们依据相关法律法规，结合自身特色与优势，灵活设置专业方向与开设相应课程。鉴于我国人工智能专业起步较晚，近年来才逐步设立，且该领域下的专业与技术分支繁多，与其他学科的交叉融合性极强，各院校在设立人工智能下属的具体专业时，应充分考虑自身的办学实际与优势学科资源。它们可以依托现有的强势学科，进行科学合理的延伸与拓展，从而设立出既符合人工智能发展趋势，又彰显本校特色的人工智能相关专业，并据此开发出一系列与之相匹配的高质量课程。这样的做法，不仅能够促进人工智能领域的多元化发展，还能有效推动学科间的交叉融合，为我国人工智能事业的蓬勃发展培养出更多具有创新精神与实践能力的专业人才。

面向那些未涉足人工智能相关专业学习及已步入职场的成年人群体，应当积极开设人工智能通识性课程，并广泛实施面向全民的人工智能知识与技术应用的普及教育。掌握人工智能相关领域的知识与技能，并非仅是那些专修此专业或从业于此领域人士的专属权利，而是应当成为广大人民群众的共同追求。通过构建全面而系统的通识教育体系，专业壁垒与职业界限将被打破，更多人能够有机会接触并了解人工智能的基本原理、发展历程、前沿动态以及其在社会各领域的广泛应用。这不仅有助于提升全民的科技素养与创新能力，还能为人工智能技术的深入推广与广泛应用奠定更为坚实的社会基础。同时，通过普及教育，能够激发更多人对人工智能技术的兴趣与热情，进而推动该领域在更广泛的社会范围内实现持续健康的发展。

（四）鼓励企业积极参与人工智能技术创新和应用

无论是新兴科技企业、传统行业巨头，抑或是科技驱动型企业，都应积极投身于人工智能技术的创新研发、实践探索与广泛应用的浪潮之中。依据我国供给侧结构性改革的核心要义，同时借助人工智能技术深化智能劳动的影响力，能够进一步细化社会分工，促进生产效率的飞跃。人工智能技术引领下的自动化生产设备革新，极大地提升了生产要素配置的合理性与高效性，显著增强了供给体系的质量与效率。在此背景下，社会各界企业应携手并进，共同推动人工智能技术的研发进程与产品应用的深化拓展。应鼓励企业紧跟时代脉搏，敏锐捕捉国际发展趋势，紧密围绕国家供给侧结构性改革的战略导向，紧密结合消费者市场的多元化需求，加大在人工智能基础领域的创新研发投入力度。通过持续的技术迭代与产品创新，不断巩固并强化人工智能技术应用的产品化竞争优势，最终实现全产业结构的优化升级与整体效能的显著提升。这一过程不仅有助于提升企业的核心竞争力，而且为我国经济的高质量发展注入了强劲动力。

（五）树立正确认识人工智能的新观念

在人工智能技术驱动自动化进程加速推进的当下，个人应当形成终身学习与持续自我提升的理念，紧跟时代步伐，不断丰富个人的技能储备与知识框架，将学习融入日常生活，使之成为一种自然而然的习惯，而非仅仅局限于学龄阶段或校园内的任务范畴。终身学习已成为21世纪不可或缺的生存法则，鉴于当前技术迭代之迅猛，唯有秉持终身学习的态度，方能避免因知识匮乏而引发的恐慌情绪以及因故步自封而逐渐与社会发展脱节的风险。面对日新月异的科技进步，个人唯有通过不断学习，方能紧跟时代潮流，把握技术发展的脉搏。终身学习不仅是对个人能力的不断锤炼，还是适应社会发展、实现个人价值的关键所在。在人工智能时代，只有不断充实自我，提升综合素质，方能在激烈的社会竞争中立于不败之地，为社会的持续进步贡献自己的力量。一方面，人们应当摒弃那种追求终身稳定职业、视某一职位为“铁饭碗”的传统观念。在人工智能技术日新月异的今天，任何职业岗位都面临着被智能化替代的风险，即便是看似稳固的职业，也在不断提高对人机协作能力的要求。因此，提升人机协作能力显得尤为重要。展望未来工作方式的变迁，人机协作以及运用计算机和人工智能相关技术软件进行办公已成为不可逆转的趋势。掌握这些技能，不仅能大幅提升工作效率，还能有效减轻工作负担，为个人职业发展创造更多可能性。另一方面，人工智能时代是技术深度融合与领域广泛互联的新纪元。未来，人们要想在工作中脱颖而出，往往需要具备跨学科的知识结构与多元化的技能组合，对多个领域有所涉猎，对某些关键学科则需全面掌握。然而，传统的学校教育往往侧重于某一或两个学科的专业化培养，难以满足这一需求。因此，人们应当充分利用人工智能技术所提供的便利条件，积极投身于终身学习之中。海量的网络学习资源、丰富多样的在线学习平台与软件，为人们提供了随时随地、利用碎片化时间进行学习的广阔舞台。通过这些平台，人们可以不断拓宽知识视野，深化专业理解，为职业生涯的长远发展奠定坚实的基础。

人工智能技术之于我国新时代的发展，既蕴藏着前所未有的机遇，也伴随着诸多挑战。综上所述，为妥善应对人工智能技术进步所带来的广泛影响，需从多个维度出发，制定一套全面、深入且多层次的应对策略。具体而言，这包括建立健全人工智能技术相关的法律法规体系，以确保技术发展在法律框架内有序进行；完善社会保障制度，为因技术变革而受影响的群体提供必要的支持与保障；大力推进人工智能教育的普及，提升全民的科技素养与创新能力；积极鼓励企业实现产学研深度融合，加速科技成果的转化与应用；帮助人们树立科学、理性的观念，正确认识并拥抱人工智能技术带来的变革。通过这一系列综合措施的实施，旨在最大限度地发挥人工智能技术对人类社会发展的积极影响，同时有效应对其可能带来的潜在风险与挑战。在这一过程中，不仅需要保持高度的战略定力与前瞻视野，还需要社会各界的广泛参与与共同努力，共同推动人工智能技术与人类社会的和谐共生与可持续发展。

第二章　人工智能关键技术

第一节　人工智能关键技术概述

一、人工智能关键技术的内涵

作为一门高度综合性的技术科学，人工智能技术跨越了多个学科领域。为了更加深入地理解并有效应用这一前沿领域的技术，我们迫切需要对人工智能关键技术的内涵进行明确界定与细致范畴划分。

机器学习作为人工智能不可或缺的关键组件，其本质在于让计算机系统能够从数据中汲取知识。这一核心技术借助构建精细的数学模型，使计算机在面对全新数据时，能够迅速作出准确的预测或决策。机器学习领域内，监督学习、无监督学习以及强化学习等方法各具特色，它们共同的目标是推动计算机系统通过不断积累经验，逐步提升性能，最终实现更加智能化的功能。这一过程不仅彰显了人工智能技术的强大潜力，也为我们探索未来科技发展的无限可能提供了坚实的基础。

自然语言处理构成了人工智能领域中一项不可或缺的核心技术，其核心目标在于使计算机系统具备理解、深入分析及自主生成人类语言的能力。自然语言处理技术的范畴宽广，涵盖了语音识别、文本深度剖析、语义精准理解等多个维度。通过高效处理自然语言，计算机能够与人类实现更为流畅的沟通，更深刻地理解人类所处的语境，进而达成更高阶的智能表达。

计算机视觉作为人工智能的一项关键技术，其使命在于使计算机系统能够准确理解和阐释图像或视频中所蕴含的信息。这一技术通过模拟人类的视觉感知能力，让计算机能够“看懂”世界，为人工智能的广泛应用开辟了全新的视野。

在人工智能关键技术体系中，专家系统同样占据着举足轻重的地位。作为一种模拟领域专家知识与决策流程的先进技术，专家系统致力于使计算机在特定领域内展现出媲美甚至超越人类专业人员的智能行为。其内涵丰富，包含了知识的高效表示、推理机制的巧妙构建以及决策规则的精准制定等多个方面，旨在为计算机系统提供更为专业、更为高效的问题解决与决策制定能力，从而推动人工智能技术在更多领域实现突破性的进展。

在人工智能技术的广袤领域中，知识表示与推理占据着举足轻重的理论地位，是其中一项至关重要的特征。这一特征的核心在于，它需要将广泛而多样的知识体系转化为计算机能够解读与理解的结构化形式，并进一步实现对这些知识的有效推理与实际应用。知识表示与推理所面临的挑战，主要在于如何以形式化的方式精准地表达领域知识，从而使计算机能够依据这些知识展开推理，有效地解决各类实际问题。

人工智能关键技术的范畴广泛而深刻，其内涵不仅包括了机器学习、自然语言处理、计算机视觉，还涵盖了专家系统与强化学习等多个关键方面。这些技术在理论层面上的特征集中体现在对各类数据、复杂语言以及多样图像的高效学习与精准处理之上。随着技术的持续进步与深化应用，人工智能将在众多领域中展现出愈发显著的影响力，有力驱动科技进步与社会发展的步伐。

在既有针对人工智能关键技术研发与取得突破性进展的研究中，学术界在明确划分内涵范畴的基础之上，对人工智能关键技术的理论特性进行了系统的归纳与总结，主要涵盖了以下几个层面。

一是人工智能关键技术的研发历程显著呈现出高成本投入、高风险承担以及长期性周期的特征。相较于传统通用技术研发，人工智能关键技术的突破性进展需要更为庞大的资金支持和更为持久的时间沉淀。由于技术的深度复杂性与广泛关联性，其研发过程极易受到外部环境变化以及国际政策调整等多重因素的干扰与影响，从而进一步加剧了风险。正因如此，政府高度重视并强调，在市场经济条件下应充分利用体制优势与力量，以期实现人工智能关键技术的突破性进展。

二是人工智能关键技术在内容层面兼具基础性与复杂性的双重属性。一方面，人工智能关键技术不仅触及核心生产环节的颠覆性创新技术，还广泛涵盖产业链、创新链中的通用性技术，因而展现出基础性的特质。另一方面，人工智能关键技术在引领和推动相关创新环节的发展中发挥着举足轻重的作用，需要多部门、多层次的紧密协同与深度融合，以确保对产业链相关领域的全面覆盖与有力支撑。

三是人工智能关键技术的突破性进展高度依赖于产业生态的协同配合。要实现人工智能关键技术的突破性进展，必须依托于创新网络中上中下游各个环节紧密配合与协同推进的产业生态。人工智能关键技术不仅是基础性和通用性的技术，还是市场需求导向型的技术，其突破性进展的实现离不开应用环节的反馈与试错，也离不开产业部门生产环节间的协调互动与深度融合。产业生态的选择与优化将对人工智能关键技术的突破性进展及其作用效果产生深远影响，而人工智能的快速发展更是进一步凸显了人工智能关键技术对产业生态的高度依赖性，使研发成果能够更为系统、全面地适用于产业链的各个环节，从而实现人工智能关键技术突破性进展与产业生态演进之间的良性循环与互促共进。

四是人工智能关键技术突破性进展在结果层面展现出前瞻性与瓶颈性的双重特征。一方面，人工智能关键技术的突破性进展标志着产业部门的发展迈入了全新的领域与阶段，为未来技术的持续演进与创新搭建了坚实的基础与平台，展现出前瞻性的特质。另一方面，由于技术的深度复杂性与广泛关联性，人工智能关键技术的突破性进展往往具有瓶颈性的特征，能够迅速辐射并带动相关领域的发展，形成积极的外部效应，进而推动产业部门整体人工智能关键技术的不断进步与升级。

二、人工智能关键技术的特征

（一）正外部性

人工智能关键技术取得突破性进展后所展现的正外部性，相较于传统意义上的正外部性，存在着微妙的差异与独特的内涵。在人工智能这一前沿领域中，技术的重大突破并非仅仅局限于推动单一技术的飞速发展，而是能够与其他众多领域的关键技术实现深度的相互赋能与融合共进。以人工智能对5G网络切片的革新为例，这一技术的引入使原本依赖于传统手工方式的运维流程得以智能化升级，从而实现了人工智能与5G通信两大领域的协同并进与共赢发展。同样地，5G网络的蓬勃发展所带来的海量数据资源，也为人工智能技术的持续进步与创新提供了强有力的支撑与保障。这种技术间的相互促进与协同发展，不仅彰显了人工智能关键技术突破后所产生的广泛影响力与深远意义，而且进一步推动了技术间的深度融合与跨界合作。人工智能关键技术的突破性进展，表现在多领域、多维度之间的相互关联与紧密协作中。这一进程不仅极大地推动了人工智能自身技术的不断成熟与完善，还为其他众多领域的创新与发展注入了新的活力与动力。通过技术的相互赋能与融合共进，人工智能正逐步成为推动社会进步与产业升级的重要力量，为构建更加智能、高效、可持续的未来世界奠定了坚实的基础。

（二）技术创新可循环

人工智能关键技术的创新过程，展现了一种独特的技术研发、技术转化、技术迭代升级、技术累积以及再次创新的循环递进模式。这一模式与传统的技术创新路径存在着显著的差异。具体而言，在人工智能领域，一旦技术研发与技术转化阶段顺利完成，相关技术便能够借助商业化的运作手段，迅速积累大量的用户数据与市场口碑。这些宝贵的资源不仅为技术的进一步优化与迭代升级提供了坚实的基础，同时也为技术的持续进步注入了源源不断的动力。在此基础上，人工智能技术形成了一种良性循环的发展态势。这种循环不仅促进了技术的不断累积与深化，还使技术的创新能够持续推动整个领域的进步与发展。相较于传统技术创新路径的线性推进，人工智能关键技术的这种可循环特性，无疑为其实现更加持续、稳健且高效的发展奠定了坚实的基础。通过不断的循环递进，人工智能技术得以在激烈的市场竞争中脱颖而出，成为推动社会进步与产业升级的重要力量。

（三）开源开放需求高

人工智能技术的革新与进步，深深植根于算法、算力与数据这三大基石之上，而它们的开发利用，又高度依赖于开源开放的生态环境。在人工智能技术的演进历程中，海量的数据集扮演着至关重要的角色，它们是模型训练不可或缺的营养源泉。一旦数据集匮乏，模型的训练将陷入重重困境，难以取得理想的成效。与此同时，源代码的公开、端口的开放以及平台的共享，同样具有举足轻重的地位。这些举措不仅极大地促进了技术信息的流通与共享，还为技术交流与合作搭建了宽广的舞台。通过积极推动数据的开放共享，并精心构建开放共享的平台体系，能够更为有效地攻克技术难题，打破发展瓶颈，从而推动人工智能技术实现跨界融合与蓬勃发展。在这一进程中，开源开放的生态环境成为人工智能技术持续创新与进步的重要驱动力。它不仅加速了技术的迭代升级，还为人工智能技术的广泛应用与深入发展开辟了广阔的道路。

（四）技术转化附加值高

人工智能技术所取得的突破性进展，不仅能够被成功地转化为具体可感的产品形态，还能够为整个产业链带来富有创意与价值的无形方案，从而创造出极为可观的附加价值。举例来说，智能终端、智能穿戴设备以及智慧城市等领域的综合应用，都是人工智能技术深度应用的具体体现。这些创新应用不仅显著提升了传统产业的智能化与自动化水平，还为其他各类产品赋予了更为丰富的附加价值，使其在市场上更具竞争力。进一步而言，通过巧妙地运用人工智能技术，能够开发出众多富有创意与实用价值的解决方案。例如，将图像识别技术应用于害虫检测领域，这一创新实践不仅极大地提高了农业生产效率与产量，也从根本上实现了人力资源的优化配置与解放。这一技术转化的成功案例，充分展示了人工智能技术所带来的高附加价值以及其在推动产业升级与转型中的重要作用。

（五）多学科多产业融合

人工智能关键技术的深入探索，是多学科基础理论相互融合与渗透的结晶，涵盖了计算机科学、类脑智能科学、统计学以及哲学等诸多领域的知识体系。这些关键技术，每一项都深深植根于不同的学科土壤之中。以自然语言处理为例，它巧妙地融合了语言学、数学以及哲学等多个学科的理论精髓。在应用实践层面，人工智能技术绝非孤立存在的，而是需要与其他众多产业领域实现深度融合与协同发展。这种跨领域、跨学科的融合性特征，不仅极大地拓宽了人工智能技术的应用场景与边界，还使其能够更为全面、深入地服务于社会的各个领域与层面。通过与其他产业的紧密合作与协同创新，人工智能技术不断推动着社会的创新性发展，为构建更加智能、高效、可持续的未来世界注入了强大的动力与活力。

三、人工智能关键技术创新能力

（一）人工智能典型企业技术布局与技术创新网络

在当今科技迅猛进步的时代背景下，人工智能已然成为企业技术战略规划中的核心要素。为了能够在竞争日益激烈的市场环境中脱颖而出，企业正积极探寻并有效运用人工智能技术，以期获得竞争优势。典型企业的技术战略布局尤为显著地体现在对技术创新网络的构建与拓展上，这一网络不仅囊括了企业内部的技术研发活动，还广泛涵盖了企业与外部合作伙伴携手共建的技术创新生态系统。在人工智能技术的整体布局中，企业高度重视内部技术研发的深度挖掘与广泛覆盖。与此同时，企业也倾向于与外部合作伙伴建立紧密且稳固的技术创新网络。这种合作模式不仅可以有力推动技术的跨界融合与协同创新，还能够显著加速创新成果的商业化进程与落地应用。此外，企业在人工智能技术布局中，还极为注重对专业人才的培育与引进。人才作为驱动技术创新的核心力量，在人工智能领域发挥着举足轻重的作用。为此，企业通过建立完善的培训体系、营造优良的学习环境，致力于培养出一批具备高素养与专业技能的人工智能领域人才。与此同时，企业也积极引进外部优秀人才，这些新鲜血液的加入不仅为企业带来了全新的思维视角与创新理念，也为人工智能技术的持续创新与发展注入了强劲的动力。

为了捍卫技术自主权，我国必须坚定不移地掌控这些关键技术的创新命脉。通过对创新网络图谱的细致描绘，能够清晰地洞察到企业、高等院校、科研机构以及政府正共同构成人工智能关键技术创新的四大核心主体。这一现象有力地昭示着，我国的人工智能技术创新正稳步迈向技术生态体系的构建，旨在借助某一关键技术领域的重大突破，全面引领并推动人工智能关键技术的蓬勃发展。进一步剖析技术创新网络，能够发现其由多元化的创新主体、多样化的合作形式以及差异化的资源交互共同织就。这一网络不仅彰显出开源开放、广泛协同的鲜明特征，更强调了多主体间的价值共创与共享。在这样的网络生态中，各个主体能够充分发挥自身优势，通过深度协作与资源共享，共同推动人工智能关键技术的持续创新与发展。

（二）人工智能关键技术创新能力构成要素

1. 针对人工智能关键技术创新能力构成要素的深度剖析

人工智能技术的关键创新展现出了鲜明的可循环迭代特性，这一特质驱动着人工智能技术的创新历程呈现出持续进阶与优化的态势。与过往将企业视为唯一创新主体的传统观念相异，当前对于人工智能技术创新的认知更侧重于创新主体间的相互依存、知识流动以及创新资源的互补与共享。这一新兴理念凸显了人工智能技术创新所蕴含的开放性、合作性特质，并融合了创新、生态以及一般系统等多重属性。从生态学的独特视角出发，自然生态系统依赖于物质与能量的流动以实现资源的循环利用，进而支撑其可持续发展。与此相类比，人工智能技术创新同样需要在各创新主体间构建起知识流动的桥梁，促进资源的循环利用机制的形成。这种类比开辟了一种创新的研究路径，即借助生态学的视角来深入探索人工智能技术创新的价值所在。通过这一方法，能够更全面地理解人工智能技术创新过程中的知识流动、资源互补以及创新主体间的协同作用，为人工智能技术的可持续发展提供有力的理论支撑与实践指导。

人工智能关键技术创新的历程涵盖了技术研发与技术转化两大核心环节。在技术研发阶段，创新活动主要聚焦于从基础层向技术层的逐步演化。在此阶段中，创新主体依托人才、资金与知识等资源的高效流动，实现了基础层与技术层之间的深度互动与相互赋能。具体而言，高校、科研机构以及专注于基础研究的企业，持续不断地输出高素质的专业人才、深入挖掘基础理论、精心训练先进算法，为技术研发提供了坚实的支撑。与此同时，从事技术开发的企业则充分利用这些人才资源，将经过优化的模型与算法融入全新的技术模块之中，并将其嵌入到具体的应用场景中，从而圆满完成技术研发的任务。政府在此过程中也扮演着至关重要的角色，通过出台一系列针对性的人工智能专项政策，为整个行业的发展营造了浓厚的氛围，并确保了基础研究资源与资金的充足投入。而当技术研发阶段告一段落，便进入了技术转化的关键时期。这一阶段的主要任务是将技术层的研究成果转化为实际应用。技术开发型企业在完成技术研发后，会积极推动技术的落地应用，将其转化为智能产品或行业方案，以满足不同消费者的多元化需求。通过这一系列的转化过程，技术的价值得以充分展现，同时也为企业的持续发展注入了新的活力。

2. 人工智能关键技术的创新主体多元化分析

关键性技术瓶颈的突破并非仅凭单一主体的“孤军奋战”所能达成，而是需要汇聚多种类型的创新主体之力。这些创新主体在技术创新过程中所扮演的角色与发挥的作用虽各有侧重，但它们之间存在着共生共荣的紧密联系，共同构筑起一个创新共同体。该共同体致力于实现可持续的价值创造、加速技术创新的速度与提升技术质量，并不断优化与完善创新环境，以此为目标形成强大的聚合力。关于创新主体的能力构成，可将其划分为两大核心要素，如图 2-1 所示。

在人工智能关键技术的创新进程中，创新主体的数量与多样性构成了一个至关重要的维度。创新主体这一范畴涵盖了创新的发起者、采纳者以及转化者等多个层面。其中，创新的发起者主要存在于人工智能关键技术的研发与生产活动中，它们由一系列专注于此领域的机构所组成，包括研发导向型企业、高等教育学府、科研机构以及通过资金与政策扶持积极参与其中的政府部门。这些发起者不仅是技术创新活动的源头活水，还是推动人工智能领域不断前行与深化发展的核心驱动力。它们通过源源不断的创新输出，为人工智能领域的蓬勃发展注入了强劲的动力与活力。

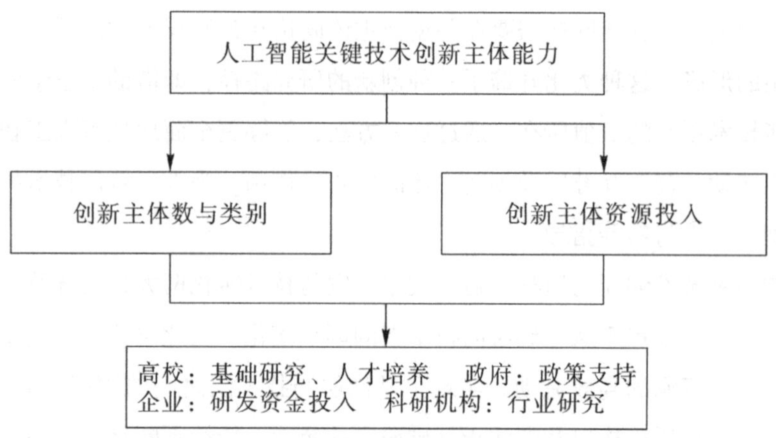

图 2-1　人工智能关键技术创新主体能力构成要素

3. 人工智能关键技术创新的支撑环境探讨

人工智能关键技术的突破性进展，离不开一个全面而有力的创新环境的坚实支撑。这一环境由技术环境与社会环境两大核心要素共同构成，它们相互作用、互为补充，共同为人工智能技术的创新与发展提供了不可或缺的保障，如图 2-2 所示。

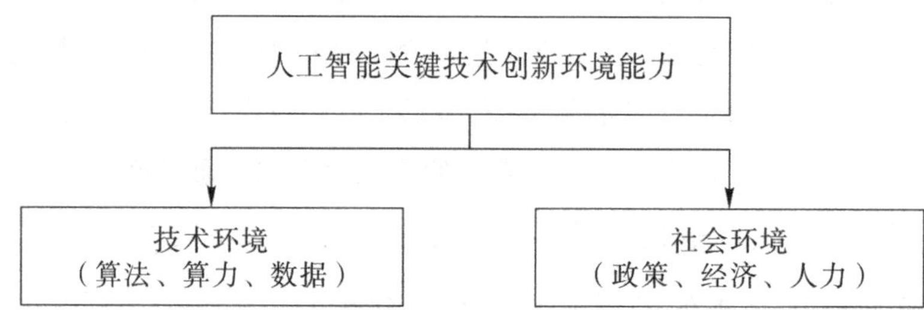

图 2-2　人工智能关键技术创新环境能力构成要素

4. 人工智能关键技术创新的效益分析

在人工智能关键技术的创新活动中，创新效益被置于首要位置，它不仅是技术创新能力直观且重要的体现，也是衡量创新成功与否的关键指标。这一效益由理论层面的效益与实践应用层面的效益共同构成，两者相辅相成，共同构成了创新效益的完整框架，如图 2-3 所示。

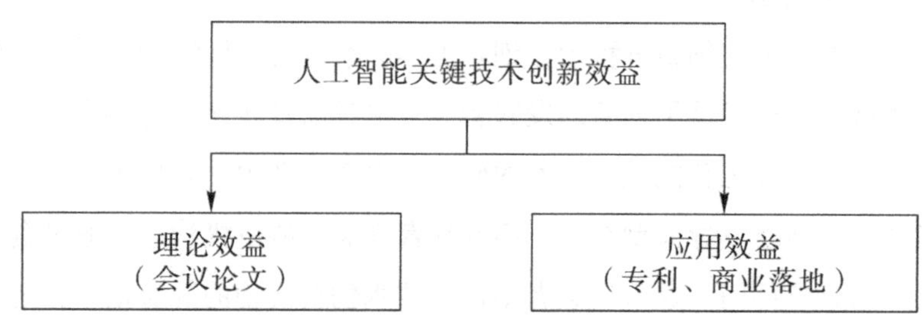

图 2-3　人工智能关键技术创新效益构成要素

人工智能关键技术创新的稳固基石，在于理论与实践的深度融合与相互促进。理论不仅承载着知识的累积重任，而且是驱动实践不断前行的核心动力。在探讨理论效益的过程中，学术论文的产出扮演着举足轻重的角色，它是理论创新成果的重要载体。算法模型的精进，不仅要求理论层面的重大突破，还需在实践中历经反复的调整与优化，方能实现真正的价值。与此同时，技术标准的制定对于构建行业规范、提升整体技术水平具有不可替代的作用。它如同一把标尺，为人工智能技术的发展设定了清晰的界限与导向。而治理规范的建立，则为人工智能的可持续发展勾勒出了明确的框架与路径，确保了技术发展的有序性与规范性。这些理论层面的成果输出，不仅为技术创新的基础研究注入了源源不断的活力，也为后续的实践应用奠定了坚实的基础，指明了前进的方向。它们共同构成了人工智能关键技术创新的宝贵财富，为技术的持续进步与广泛应用提供了有力的支撑。

在理论与实践的相辅相成中，人工智能关键技术创新能力得以稳步增强。理论的深入剖析与探索，为实践应用提供了坚实的支撑与指导，而实践过程中的持续验证与不断优化，又进一步促进了理论的深化与完善。这一互为促进的良性循环，不仅加快了人工智能领域技术创新的步伐，还确保了技术创新的持续性与稳健性。正是基于这种良性循环，人工智能领域的技术创新得以更加稳健地推进，为社会的可持续发展注入了源源不断的强大动力。

（三）人工智能关键技术创新能力构成要素模型

通过对技术内涵的深入剖析、技术特点的细致描绘以及技术创新活动的全面考察，采用类比法进行分析，可以将人工智能关键技术能力划分为以下三个维度：创新主体的核心能力、创新环境的支撑能力以及创新效益的实现能力。这三个层面共同构成了人工智能关键技术能力的构成要素模型，其具体框架如图 2–4 所示。

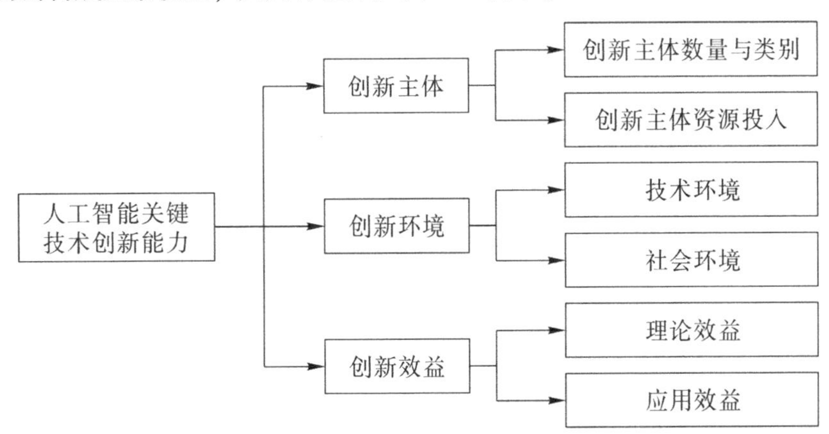

图 2–4　人工智能关键技术创新能力构成要素模型

在人工智能关键技术的创新进程中，创新主体扮演着无可替代的核心角色，是推动技术创新的关键驱动力。如今，企业已不再是孤军奋战的创新主体，创新主体的能力展现已不再局限于其投入的多少，而是更多地体现在创新主体的多元化构成及其数量上。一个由多样类型与丰富数量组成的创新主体群体，不仅是技术创新意愿的强烈体现，还是凝聚技术创新合力、推动技术创新不断向前发展的核心要素。鉴于人工智能关键技术所具备的独特性质，其创新过程必然要求开放、共享与协同的紧密配合。在这一创新生态系统中，各类创新主体承担着各不相同却又紧密相连的任务，它们各自发挥所长，共同朝着技术创新这一宏伟目标奋力迈进，携手构建出一个人工智能技术创新协同发展的新格局。

四、人工智能关键技术创新生态构建

（一）人工智能技术创新生态的演化形成

技术创新生态的逐步构建与演化是一个既复杂又富有生命力的过程，尤其在人工智能这一前沿科技领域，其演进的轨迹深受技术内在逻辑与外部多元因素的共同作用与影响。人工智能技术创新生态的萌芽与成长，可追溯到技术研究的萌芽阶段。在这一关键时期，科研机构与高等教育学府凭借其深厚的学术底蕴与科研实力，成为驱动技术创新的中坚力量。它们通过潜心钻研基础理论、开展前沿探索，为人工智能技术的后续开发与实际应用奠定了坚实的理论基石，并为创新生态的初步成型提供了必要的养分。随着技术的持续深化与拓展，产业界逐渐成为人工智能技术创新生态中不可或缺的一环。在这一崭新阶段，企业作为连接技术与应用的重要桥梁，通过大手笔的资金投入与专业的研发团队构建，极大地加快了人工智能技术的商业化进程与实际应用的步伐。在此过程中，产业界与科研机构之间建立了广泛的联系与深度的合作，形成了一种互利共赢、紧密协同的战略伙伴关系。企业的实际需求驱动着科研机构更加注重于解决实际问题的研究，而科研机构的前沿理论探索则为企业的技术创新提供了源源不断的灵感与方法论支持。这种基于需求与供给双向驱动的互动机制，有力地推动了人工智能技术创新生态的持续繁荣与健康发展。

在人工智能技术创新生态的演进历程中，政府扮演了举足轻重的积极角色。政府通过精心制定政策框架与提供慷慨的资金援助，有效引导并促进了技术的革新与实际应用。政府的这种介入，不仅为人工智能技术的发展指明了方向，规范了其前行的道路，还极大地促进了各方主体之间形成更为紧密且协同的合作关系。政府的这种导向作用，宛如一股强大的稳定力量，使技术创新生态能够在更加有序与稳健的轨道上不断前行，有力地推动了人工智能技术由理论研究向实际应用的深度跨越。

综上所述，人工智能技术创新生态的逐步构建与形成，实则是技术内在逻辑、市场需求、社会环境以及政府政策等多方面因素相互交织、共同作用的复杂而精妙的过程。

（二）人工智能技术创新生态的优化

优化人工智能技术创新生态，是一项既复杂又至关重要的任务，它涵盖了众多影响因素及多样化的参与主体。在这一生态优化的过程中，强化产业界与科研机构之间的深度合作成为了首要且核心的议题。产业界的实际需求与科研机构的前沿理论研究相得益彰，通过深化两者之间的合作桥梁，构建出更为紧密的技术创新协作网络，进而驱动人工智能技术以更为迅猛的态势向前发展。这种深度交融的合作模式，如同一座桥梁，有效地连接了理论研究与实际应用的彼岸，实现了双方优势资源的互补与融合，为人工智能技术的持续进步营造了更为优越的发展环境。与此同时，在人工智能技术创新生态的优化路径中，加强产业界内部的协同合作同样占据着举足轻重的地位。企业之间通过资源的共享、经验的交流与技术成果的互惠，能够携手打造出更大规模、更具影响力的技术创新联盟。这样的合作模式，不仅能够显著提升整个产业的综合竞争力，推动技术创新的广泛传播与深度应用，还能够有效降低创新过程中的成本消耗，避免资源的重复投入，从而大幅提升整个生态系统的整体效益。因此，在优化人工智能技术创新生态的进程中，构建更为紧密、高效的产业内部合作关系无疑是至关重要且不可或缺的一环。

为了更有效地促进人工智能技术创新生态的优化升级，必须高度重视对创新成果的妥善保护与广泛共享。在确保知识产权得到充分保护的基础上，构建更为开放、包容的共享机制，将极大地加速创新成果的流通与应用进程。深化多方主体间的协同合作，构建更为紧密的产业内部合作网络，是优化生态的关键一环。同时，强化政府的引导作用，制定科学合理的创新政策，也是推动技术创新生态健康发展的不可或缺的力量。此外，加大对人才培养与引进的投入，为技术创新提供坚实的人才支撑，同样至关重要。在这一系列优化举措中，加强对创新成果的保护与共享不仅是促进技术持续创新的重要保障，也为人工智能技术的广泛、深入应用奠定了坚实的基础。通过这一系列综合性的优化措施，能够推动人工智能技术创新生态朝着更加健康、有序、可持续的方向发展，为技术的不断突破与广泛应用创造更加有利的条件。

构筑人工智能创新生态的根基体系是一个既复杂又极具系统性的任务，它涵盖了多个维度的关键要素。在这一根基体系的构建中，企业、高等院校、科研机构以及政府部门等多方力量携手并进，共同编织了一张相互支撑、协同并进的网络，为人工智能关键核心技术的突破与创新提供了稳固的基石与有力的支撑。

在搭建人工智能创新生态运行的保障体系时，首要关注的是数据这一核心资源的重要性。数据，作为人工智能发展的基石与命脉，其收集、存储与管理的完善机制构建显得尤为重要。在这一保障体系中，需确保数据的精确性、可靠性与安全性，同时积极推动数据的共享与开放，以此激发创新的活力，驱动人工智能技术的持续进步与广泛应用。而算法的优化与革新，则是人工智能创新生态中不可或缺的核心驱动力。

构筑人工智能创新生态演进的引导机制是一个充满动态性与演进性的过程，它要求各主体间相互协作、彼此促进，共同形成一个有机协调、引导演进的生态系统。在这一引导机制中，企业、高等院校、科研机构以及政府部门等多元主体，凭借各自独特的角色定位与职能发挥，共同推动着人工智能技术创新的不断演进与升级。其中，企业在这一引导机制中扮演着引擎与先导的重要角色，以其敏锐的市场洞察与创新能力，引领着人工智能创新生态的未来发展方向。

第二节 人工智能的主要关键技术

在当今时代，人工智能已经逐步演化成为一个庞大且复杂的技术系统，其涵盖了众多分支领域，展现出了广泛的应用前景。在人工智能的广阔疆域中，机器学习、知识图谱、自然语言处理、人机交互、计算机视觉、生物特征识别以及虚拟现实与增强现实等技术，共同构成了这一领域的核心组成部分。

一、机器学习技术

机器学习是一个融合了统计学、系统识别、逼近论、神经网络科学、优化方法论、计算机科学以及脑科学等多个领域的交叉学科，其致力于探索计算机如何模拟并实现人类的学习过程，进而获取新知、掌握新技能，并重新编排已有的知识体系，以不断优化其性能，是人工智能技术体系中不可或缺的核心组成部分。在现代智能技术的广阔天地中，基于数据的机器学习占据着举足轻重的地位，它作为一种关键的方法论，专注于从海量的观测数据（样本）中挖掘潜在的规律，进而利用这些规律对未来的数据或难以直接观测的数据进行精准的预测。这一过程的实现，离不开对数据的深度分析与挖掘以及对机器学习算法的巧妙运用。值得注意的是，机器学习并非一成不变，而是根据其学习模式、学习策略以及所采用的算法的不同，存在着多样化的分类方式。这些分类方式不仅反映了机器学习技术的多样性与灵活性，也为更深入地理解、应用以及优化这一技术提供了丰富的视角与途径。因此，在探索机器学习的奥秘时，需要全面考虑其内在的复杂性与多样性，以更加精准地把握其本质与规律。

（一）按学习模式分类

根据学习模式将机器学习分为如图 2-5 所示的三类。

图 2-5 根据学习模式将机器学习分类

1. 监督学习

监督学习是一种基于预先标记的、有限规模的训练数据集来构建模型的方法，它借助特定的学习策略或技术手段，旨在实现对新数据或实例的有效标记（或称为分类）以及映射功能。在这一框架下，回归与分类是最为典型的两种监督学习算法，它们在处理不同类型的数据与问题时展现出了独特的优势。值得注意的是，监督学习的成效在很大程度上依赖于训练样本中分类标签的精确性与代表性。具体而言，当训练样本的分类标签被准确无误地标注，并且这些样本能够充分反映数据集的总体特征时，所构建的学习模型往往能够展现出更高的准确度与泛化能力。这一特性使监督学习在诸多领域，如图 2-6 所展示的那样，得到了广泛而深入的应用。在这些领域中，监督学习不仅帮助人们更有效地处理与分析数据，还推动了相关技术的不断进步与发展。

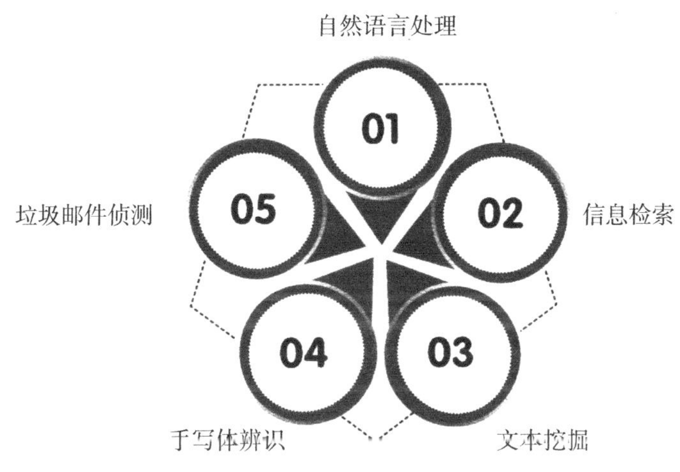

图 2-6　监督学习的应用领域

2. 无监督学习

无监督学习是一种探索性数据分析方法，它基于未标记的有限数据集，旨在揭示隐藏在这些无标记数据内部的潜在结构与规律。在这一范畴内，单类密度估计、单类数据维度缩减以及聚类分析等构成了最为典型的非监督学习算法，它们各自在挖掘数据特性、发现数据模式方面发挥着不可或缺的作用。相较于监督学习，无监督学习无需依赖训练样本与人工标注的数据，这一特性使它在处理大规模数据集时显得尤为高效。通过无监督学习，可以有效地压缩数据存储空间、降低计算复杂度、提升算法执行速度，从而在保证数据分析质量的同时，大幅度提高数据处理效率。此外，无监督学习还能够规避由正负样本偏差所带来的分类错误问题，进一步增强了其在实际应用中的稳健性与可靠性。如图 2-7 所示，无监督学习在多个领域展现出了广泛的应用前景。在组织大型计算机集群方面，无监督学习有助于更好地管理和优化计算资源；在社交网络分析中，它有助于揭示用户行为模式与社交关系网络；在市场分割领域，它能够协助企业精准定位目标客户群体；而在天文数据分析中，它为科学家们探索宇宙奥秘提供了强有力的工具。这些应用实例充分展示了无监督学习在解决实际问题中所扮演的重要角色。

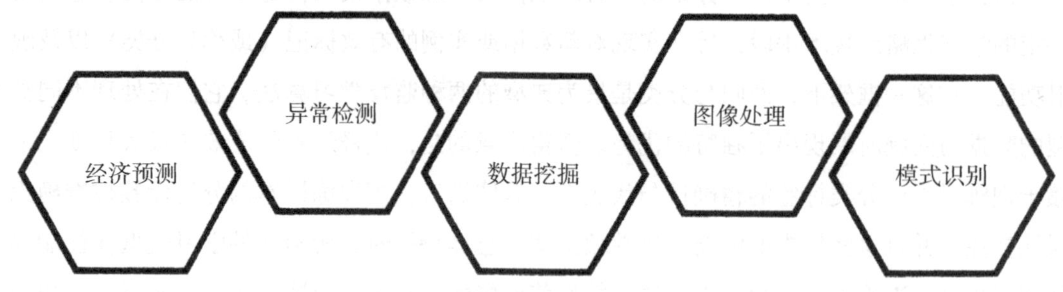

图 2-7　无监督学习的应用领域

3. 强化学习

强化学习是一种智能系统通过与环境交互，以最大化强化信号函数值为目标的学习过程。鉴于外部环境所能提供的信息相对有限，强化学习系统必须依赖自身经验来进行学习。其核心目标在于构建从环境状态至智能体行为的映射关系，使智能体所选择的行为能够最大化地获得环境的回馈，进而实现外部环境对学习系统某种意义上的最优评价。在如图 2-8 所展示的多个领域中，强化学习已成功实现了广泛应用。这些应用实例不仅验证了强化学习算法的有效性，还进一步展示了其在处理复杂环境、优化智能体行为等方面的强大能力。通过不断地与环境进行交互、试错与学习，强化学习系统能够逐步适应并优化其行为策略，从而在多种实际应用场景中取得优异的表现。

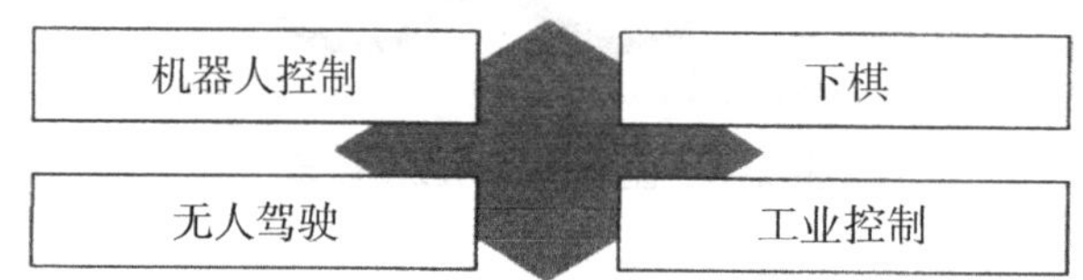

图 2-8　强化学习的应用领域

（二）按学习方法分类

根据学习方法可以将机器学习分为如图 2-9 所示的两类。

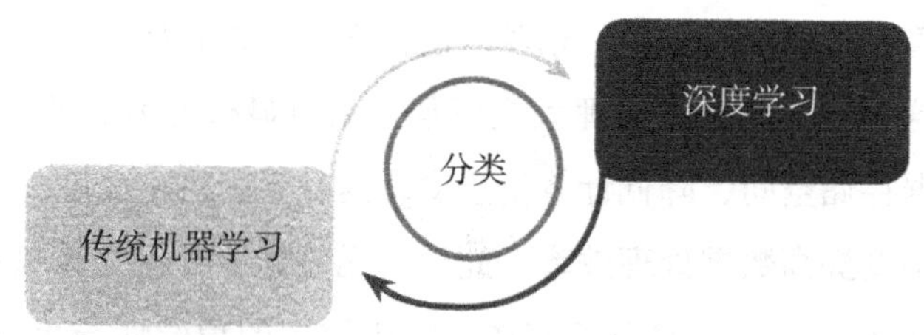

图 2-9　根据学习方法将机器学习分类

1. 传统机器学习

传统机器学习技术致力于从有限的观测（或称为训练）样本中挖掘那些难以通过纯粹

理论分析得出的潜在规律，进而实现对未来数据行为或趋势的高精度预测。在这一框架下，一系列算法应运而生，包括但不限于逻辑回归、隐马尔可夫模型、支持向量机、K近邻算法、三层前馈神经网络、AdaBoost算法、贝叶斯分类器以及决策树等。这些算法在追求学习结果有效性的同时，也兼顾了学习模型的可解释性，为处理有限样本条件下的学习问题提供了一种系统化的解决方案。传统机器学习技术在有限样本场景下展现出了强大的模式分类、回归分析以及概率密度估计等能力。这些能力的实现，离不开统计学这一重要理论基础的支持。统计学不仅为传统机器学习提供了坚实的数学基础，还为其算法的设计与优化提供了有力的指导。如图2-10所示，传统机器学习技术在众多计算机领域中得到了广泛的应用。这些应用不仅验证了传统机器学习技术的有效性与实用性，还进一步推动了其在相关领域中的深入发展与优化。通过不断地实践与探索，传统机器学习技术将继续在计算机科学的广阔天地中发挥重要作用。

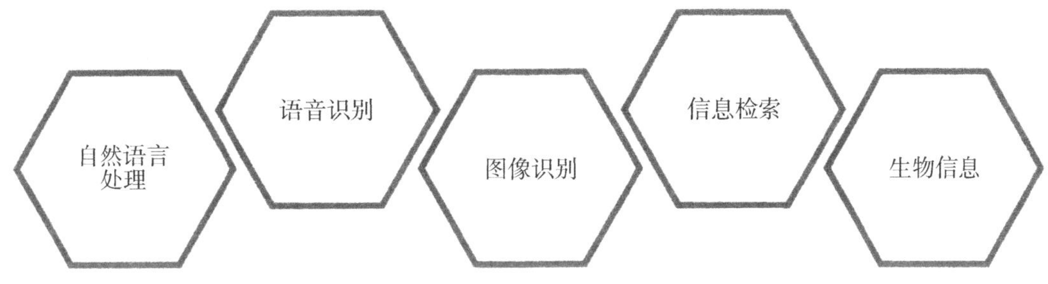

图2-10 传统机器学习的应用领域

2. 深度学习

深度学习是一种构建深层次结构模型的学习范式，其典型的算法涵盖深度置信网络、卷积神经网络、受限玻尔兹曼机以及循环神经网络等多种类型。深度学习亦被视作深度神经网络的一种表现形式，特指那些层数超过三层的神经网络架构。这一学习范式显著的特点在于，它不再过分强调模型的可解释性，而是将主要精力投入提升学习的有效性上。历经多年的探索、试验与研究，深度神经网络领域已经涌现出众多模型，其中卷积神经网络与循环神经网络尤为引人注目。卷积神经网络凭借其独特的架构，在处理具有空间分布特性的数据时展现出了卓越的性能，因此被广泛应用于图像识别、视频分析等领域。而循环神经网络则在神经网络中巧妙地引入了记忆与反馈机制，使其在处理具有时间分布特性的数据时能够表现出色，这一特性使循环神经网络在自然语言处理、时间序列预测等领域中得到了广泛的应用。综上所述，深度学习作为一种强大的学习范式，通过构建深层次的神经网络模型，已经在多个领域中取得了显著的成果。随着技术的不断发展与完善，深度学习将在未来继续发挥重要作用，推动人工智能技术的进一步发展。

（三）按算法分类

根据算法可将机器学习分为如图2-11所示的三类。

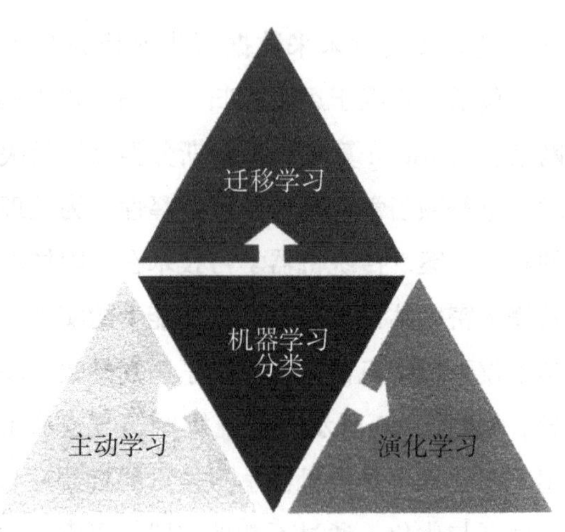

图 2-11　根据算法将机器学习分类

1. 迁移学习

迁移学习是一种学习策略，旨在应对某些领域因数据稀缺而无法充分训练模型的问题。它巧妙地利用另一领域的数据关系来进行知识迁移，具体而言，迁移学习能够将从已训练模型中获得的参数迁移到新模型中，以此为新模型的训练提供有益的指导，从而更有效地学习底层特征规则，并显著减少对新数据的依赖。目前，迁移学习技术主要应用于变量相对较少、规模相对较小的一些场景，例如基于传感器网络的定位服务、文字分类任务以及图像分类任务等。在这些场景中，迁移学习展现出了其独特的优势，有效地提升了模型的性能。展望未来，迁移学习有望在解决更具挑战性的问题上发挥更大的作用。例如，在视频分类、社交网络分析以及逻辑推理等复杂任务中，迁移学习将能够利用跨领域的知识迁移能力，为这些问题的解决提供新的思路和方法。随着技术的不断进步和应用场景的不断拓展，迁移学习必将在人工智能领域发挥越来越重要的作用。

2. 主动学习

主动学习是一种基于智能算法的策略，旨在识别并获取那些对提升模型精度最为关键的未标记样本。在这一过程中，算法会精心挑选出最具价值的样本，随后交由专家进行精确的标记。利用这些经过精心挑选并标记的样本，可以对分类模型进行训练，从而进一步提升其性能。主动学习的一大优势在于其能够以一种选择性的方式获取知识，这意味着无须依赖大量的训练样本，就能构建出高性能的模型。这一特性使主动学习在资源有限或数据稀缺的场景下尤为适用。在实施主动学习的过程中，最常用的策略包括不确定性准则和差异性准则。不确定性准则侧重于识别那些模型预测结果最为模糊或不确定的样本，这些样本往往蕴含着丰富的信息，有助于模型的学习和提升。而差异性准则则着眼于选择那些能够最大限度增加模型多样性的样本，这些样本有助于模型更好地泛化到未知的数据上。综上所述，主动学习通过精心挑选并标记样本，以较少的训练数据实现了高性能模型的构建。主动学习选择性获取知识的特性以及不确定性准则和差异性准则等策略的应用，使其在多个领域展现出了广阔的应用前景。

3. 演化学习

演化学习是一种对优化问题性质要求极低的策略，其核心在于仅需具备评估问题的解优劣的能力，便能广泛应用于解决各类复杂的优化问题，同时也能够直接应对多目标优化的挑战。在这一框架下，演化算法扮演了至关重要的角色，其中粒子群优化算法与多目标演化算法等尤为突出。当前，针对演化学习的研究正聚焦于多个前沿领域。一方面，研究者致力于探索如何将演化学习的思想应用于数据聚类任务中，以期实现更高效、更准确的聚类效果。另一方面，针对演化数据的分类问题，研究者也在积极寻求更为有效的分类方法，以提升分类的准确性与鲁棒性。此外，为了更好地理解和利用演化机制，研究者还在探索如何设计自适应机制，以动态地调整演化过程，从而更精确地控制演化机制的影响。综上所述，演化学习作为一种灵活且强大的优化策略，在解决复杂优化问题及多目标优化方面展现出了巨大的潜力。

二、知识图谱技术

知识图谱，作为一种结构化的语义知识存储形式，其本质可视为一种图数据结构，该结构由节点与边共同构成，旨在以符号化的方式描绘物理世界中的各类概念及其相互之间的联系。其基本构成单元为“实体—关系—实体”的三元组结构以及描述实体属性的“属性—值”对。这些实体通过各类关系相互联结，共同编织成一张复杂而有序的知识网络。

在知识图谱中，每一个节点都代表着现实世界中的一个具体“实体”，而每一条边则象征着实体与实体之间的某种“关系”。从更为直观的角度来看，知识图谱仿佛是一个将各类信息紧密相连的关系网络，提供了一种从“关系”维度出发去审视与分析问题的能力。在图2-12所展示的应用场景中，知识图谱展现出了巨大的优势，并已逐渐成为业界的热门工具。然而，尽管知识图谱取得了显著的进展，其发展之路仍面临着诸多挑战。其中，数据的噪声问题尤为突出，这既包括数据本身可能存在的错误，也涉及数据的冗余问题。随着知识图谱应用的日益深化，还需要在一系列关键技术上取得突破。这些技术难题的攻克，将有助于进一步提升知识图谱的准确性与实用性，从而推动其在更多领域发挥更大的作用。

图 2-12 知识图谱的优势应用领域

三、自然语言处理技术

自然语言处理是计算机科学及人工智能领域内的一个核心研究方向，它致力于探索和开发各种理论与技术，以实现人类与计算机之间通过自然语言进行的高效、准确的沟通。该领域的研究范畴广泛，涵盖了众多子领域，其中尤为关键的是机器翻译、语义解析及问答系统等方面。在自然语言处理的研究中，机器翻译技术旨在跨越语言障碍，实现不同语言之间的自动转换；语义解析关注于深入理解自然语言文本的内在含义，从而实现对文本信息的精准把握；问答系统致力于构建一种能够与用户进行自然交互的智能系统，以回应用户的各类问题。综上所述，自然语言处理作为计算机科学及人工智能领域的重要分支，其研究内容广泛且深入，对于推动人机交互技术的发展具有重要意义。

（一）机器翻译

机器翻译是计算机科学技术领域内的一项关键任务，它旨在通过计算机手段实现自然语言之间的转换，即将一种自然语言的内容准确地翻译为另一种自然语言。相较于早期的基于规则和实例的翻译方法，基于统计的机器翻译技术取得了显著的突破，极大地提升了翻译的性能和准确性。近年来，随着深度学习技术的蓬勃发展，基于深度神经网络的机器翻译方法更是在日常口语等多个应用场景中展现出了巨大的潜力和优势。这种方法不仅能够捕捉语言的复杂特征，还能通过大规模的数据训练来优化翻译效果，使翻译结果更加自然流畅。展望未来，随着自然语言处理技术的不断进步，特别是上下文语境表征和知识逻辑推理能力的不断提升，自然语言知识图谱将得到进一步的扩充和完善。这将为机器翻译在多轮对话翻译、篇章翻译等更为复杂的场景中的应用提供有力的支持。在不久的将来，机器翻译将在这些领域取得更加显著的进展和突破。

（二）语义解析

语义解析是计算机科学领域内的一个重要任务，它旨在利用先进的计算机技术深入理解文本篇章的内涵，并能够准确回答与篇章紧密相关的问题。这一过程不仅强调对上下文信息的全面把握，还着重于对答案精确度的严格控制。在数据资源的构建与扩充方面，语义解析采用了多种自动化的方法。其中，自动构造数据技术和自动构建填空式问题的策略尤为关键，它们为语义解析提供了丰富且多样化的训练素材。为了有效应对填空式问题的挑战，研究者不断探索基于深度学习的解决方案，其中基于注意力机制的神经网络模型便是一种颇具潜力的方法。当前，主流的语义解析模型主要利用神经网络技术对篇章和问题进行建模。这些模型能够精准地预测答案在篇章中的起始与终止位置，并据此抽取出相应的篇章片段。通过这种方式，语义解析技术得以在复杂多变的文本环境中，实现对信息的精确捕捉与理解。

（三）问答系统

问答系统可被细分为两大类：一类是针对开放领域的对话系统，另一类则是聚焦于特定领域的问答系统。问答系统技术作为一种前沿的人工智能技术，旨在使计算机能够像人类一样，以自然语言的方式与人进行流畅的交流。用户能够以自然语言的形式向问答系统提出问题，而系统则能够智能地分析并返回与用户问题高度相关的答案。尽管当前问答系统技术已经取得了一定的进展，并在实际信息服务系统、智能手机助手等多个领域得到了广泛的应用，但在问答系统的鲁棒性方面仍然存在着诸多亟待解决的问题和挑战。这些挑战不仅关乎系统对用户问题的准确理解，还涉及系统在不同情境下的灵活应对能力。因此，未来问答系统技术的发展，需要在提升系统鲁棒性方面进行更为深入的研究和探索。

自然语言处理面临如图 2-13 所示的四大挑战。

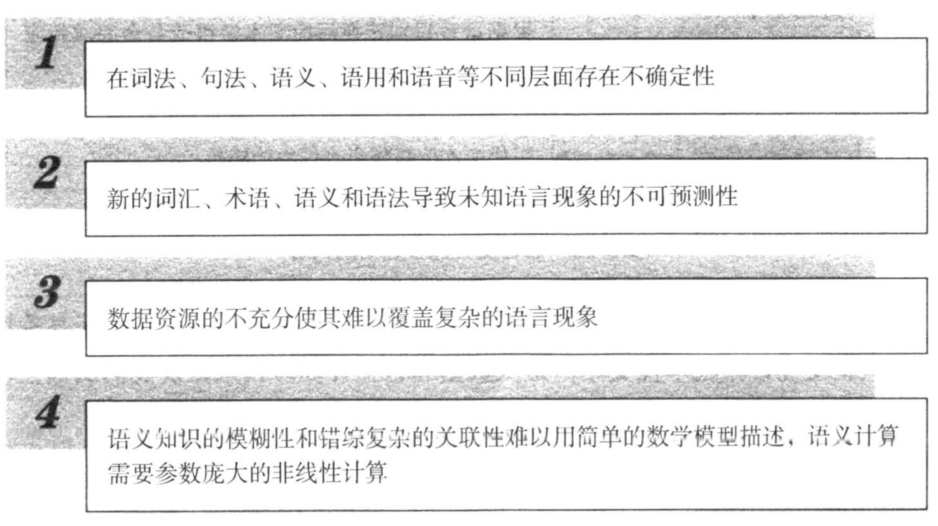

图 2-13 自然语言处理面临的挑战

四、人机交互技术

人机交互是人工智能领域的一个重要研究方向，其核心在于探讨人与计算机之间如何进行有效的信息交流与互动。这一领域的研究内容，主要涵盖了从人到计算机的信息输入以及从计算机到人的信息反馈这两个关键环节。作为人工智能的一个重要支撑技术，人机交互技术的发展对于推动人工智能的进步具有重要意义。人机交互是一门综合性很强的学科，它与认知心理学、人机工程学、多媒体技术以及虚拟现实技术等多个领域都有着紧密的关联。这些学科为人机交互提供了丰富的理论基础和技术支持，使人机交互技术得以不断创新和发展。在传统的基本交互和图形交互的基础上，人机交互技术还不断拓展和深化，涌现出了多种与人工智能密切相关的交互手段。其中，语音交互、情感交互、体感交互以及脑机交互等技术尤为引人注目。这些技术不仅拓宽了人机交互的渠道和方式，还提高了人机交互的效率和体验。

（一）语音交互

语音交互技术作为一种极为高效的交互模式，使人类能够通过自然语音或机器模拟的语音与计算机进行综合性的信息互通。这一技术深度整合了语言学、心理学、工程学及计算机技术等多个学科的知识框架，充分展现了跨学科协同合作的强大效能。在语音交互技术的探索领域中，语音识别与语音合成构成了两大核心要素。前者致力于精准地将人类发出的语音信号转化为计算机能够辨识的文本内容，而后者则专注于将计算机生成的文本信息转化为自然且流畅的语音表达。然而，语音交互的研究领域远不止步于此，它还需深入探究人类在语音交流通道下的交互机理、行为模式及认知特征。这些研究对于优化语音交互体验、提高交互效率具有不可估量的价值。

综上所述，语音交互技术不仅是一项复杂而精细的技术挑战，还是多学科交融并蓄的杰出典范。通过持续且深入的探索，有望在未来实现更为自然、高效的人机语音交互体验。具体而言，语音交互过程涵盖了语音采集、语音识别、语义理解和语音合成这四个关键环节。

语音采集是一个通过麦克风或其他音频录入设备捕获声音信号的过程。这些声音信号通常以模拟信号的形式存在，即以连续的波形形态展现，而非以数字形态存储。在语音采集流程中，声音波形经由麦克风转换成电信号，随后这些电信号可被进一步处理或转换成数字形态以便于存储及传输。这一流程在语音识别、录音、通信及语音分析等诸多领域均得到了广泛的应用。借助精密的设备与恰当的处理技术，可确保捕获到的声音信号具备高度的保真度和清晰度，从而满足各类专业需求。

语音识别技术通过一系列繁复的步骤，将人类的语音信号由模拟形态转换为数字形态。这一过程首先需要将模拟信号通过模数转换器（ADC）转变为数字信号。紧接着，这些数字信号被输入至一个强大的语音识别引擎中，该引擎利用特定的算法对这些信号进行解析与处理。为了实现这一过程，语音识别引擎需依赖海量的语音数据进行训练。

在语音交互过程中，语义理解扮演着举足轻重的角色，它是确保系统能够精确捕捉并理解用户意图的关键环节。这一过程并非仅仅停留在文字识别的层面，而是需要对识别出的文字信息进行深度的剖析与理解。借助自然语言处理技术的支撑，系统能够利用语法规则、上下文关系以及丰富的知识库等，将用户表达的文字信息转化为可执行的指令或查询请求。

在语音合成环节，系统会接收到用户发出的指令或请求，并将这些文字信息转化为人类能够理解的语音输出。这一过程高度依赖于先进的语音合成技术，通过一个强大的合成引擎，将文字信息转换为自然流畅的语音。这样，用户便能清晰地听到机器的回应，仿佛是在与一个真实的人进行交谈。语音合成技术的目的在于确保语音输出既自然又易于理解，从而提升用户体验，使交互过程更为顺畅与高效。

作为人类沟通与获取信息最为自然且便捷的手段，语音交互相较于其他交互方式具备更多的优势，能够为人机交互带来根本性的变革。在大数据与认知计算时代，语音交互是未来发展的制高点，拥有着广阔的发展前景与巨大的应用潜力。

（二）情感交互

情感交互技术的核心宗旨在于为计算机赋予类似人类的情感观察能力、理解能力以及情感生成能力。借助这一能力，计算机能够更为深入地洞察用户的情感状态，进而作出更为贴切且富有人性化的反馈。该技术的实现，将推动计算机在交互过程中展现出自然、亲切且生动的特质，从而显著地优化用户体验。情感交互技术已成为人工智能领域中的一个备受瞩目的研究方向。它致力于深入探索计算机如何更好地理解和表达情感，旨在让人机交互过程变得更为自然、顺畅且富有同理心。这一研究不仅关注计算机对用户情感的精准捕捉，还强调计算机在情感表达上的自然与真实，以构建更加和谐的人机关系。随着技术的持续进步与创新，情感交互在未来的智能设备和系统中将扮演愈发重要的角色。它有望为用户带来更加丰富、愉悦且充满情感的交互体验，使智能设备不仅能够满足用户的实际需求，还能在情感层面与用户产生共鸣。这种充满情感的交互方式，将极大地提升用户对智能设备的满意度和忠诚度，推动人机交互技术迈向新的高度。

（三）体感交互

作为一种革命性的交互范式，体感交互赋予了用户无须借助复杂控制界面的能力，而是直接借助体感技术的力量，通过自身的肢体动作与周遭的数字设备及环境实现一种直观且流畅的交互体验。依据体感技术及其运作原理的不同，体感技术主要可以被归纳为三大类别：光学传感技术、惯性传感技术以及光学与惯性传感技术的融合应用。体感交互的达成依赖于一系列先进技术的综合支撑，这些技术包括但不限于运动轨迹追踪、手势识别技术、动态动作捕捉以及面部表情解析等。相较于其他交互手段，体感交互技术在硬件构造与软件算法层面均实现了显著的跃升。

目前，体感交互在如图 2-14 所示等领域有了较为广泛的应用。

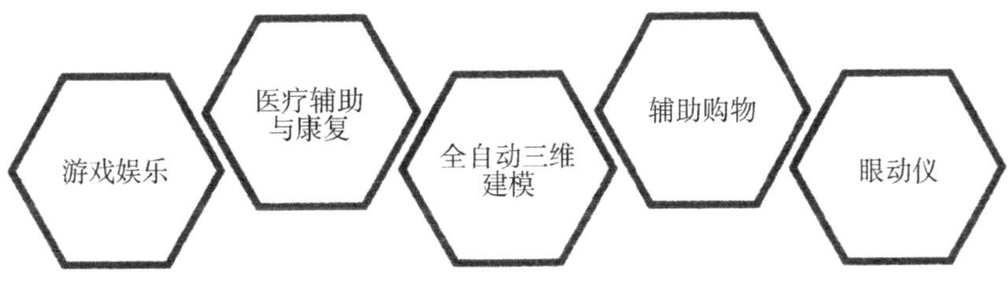

图 2-14　体感交互的应用领域

（四）脑机交互

脑机交互，亦称脑机接口技术，是一种创新的通信方式，它摒弃了传统的外围神经与肌肉等神经传导路径，直接搭建起大脑与外部世界之间信息传递的桥梁。脑机接口系统能够监测并捕捉中枢神经系统的活动信号，进而将这些生物电信号转化为可操控的人工输出指令。这一技术不仅能够替代、修复受损的中枢神经系统功能，还能在此基础上进行增强、补充或优化，从而深刻改变中枢神经系统与内外部环境之间的交互模式。脑机交互技术的核心在于对神经信号的精准解码，这一过程实现了从大脑信号到机器可执行指令的转换。一般而言，脑机交互系统包含如图 2-15 所示的三个核心模块。这些模块协同工作，共同完成了从大脑信号的采集、处理到最终指令输出的全过程，为实现高效、精准的脑机通信提供了坚实的基础。

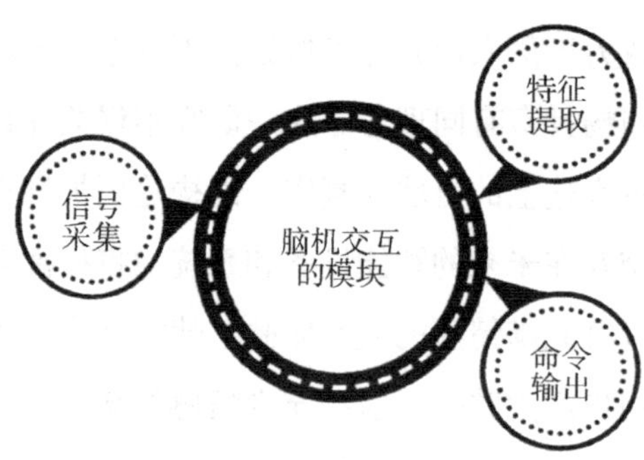

图 2-15 脑机交互的模块

从脑电信号采集的角度，一般将脑机接口分为侵入式和非侵入式两大类。除此之外，脑机接口还有如图 2-16 所示的常见分类方式。

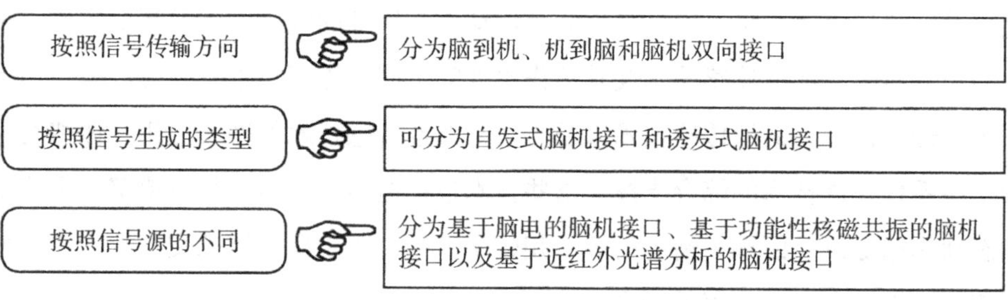

图 2-16 脑机接口的常见分类方式

五、计算机视觉技术

计算机视觉是一门致力于利用计算机技术来模拟人类视觉系统功能的科学，其目的在于赋予计算机类似于人类的能力，以提取、处理、解读及分析图像以及图像序列中的信息。在自动驾驶、机器人技术、智能医疗等多个领域，计算机视觉技术均发挥着至关重要的作用，它能够从视觉信号中精准地提取并处理出关键信息。近年来，随着深度学习技术的蓬勃兴起，计算机视觉领域经历了一场深刻的变革。传统的预处理、特征提取与算法处理步骤逐渐趋向融合，形成了一种全新的端到端人工智能算法技术。这种技术的出现，极大地提升了计算机视觉系统的处理效率与准确性。根据所解决的具体问题，计算机视觉可以被划分为如图 2-17 所示的五大类别。这些类别涵盖了从基础的图像识别到复杂的场景理解等多个层面，展示了计算机视觉技术在不同应用场景下的广泛适用性与强大功能。

图 2-17　计算机视觉的分类

（一）计算成像学

计算成像学是一门深入探究人眼构造、成像设备（如相机）的基本原理及其广泛应用的学科。在成像设备原理的层面，计算成像学持续推动着现有可见光成像技术的精进，促使现代相机在设计与性能上不断进化，变得更加轻巧便携，能够灵活适应多样化的应用场景。与此同时，计算成像学亦在驱动新型相机的研发进程，助力相机技术突破可见光谱的界限，探索更为广阔的成像领域。

（二）图像理解

图像理解是通过用计算机系统解释图像，实现类似人类视觉系统理解外部世界的一门科学。一般而言，根据对信息理解深度的不同，理解过程可以被划分为三个层次：高层理解、中层理解及浅层理解。

高层理解代表了一种深刻的信息领悟能力，它使人们能够洞悉信息的本质含义与内在逻辑结构，而非仅仅局限于文字或数据的表面呈现。这种理解层次要求个体具备较高的认知能力与深厚的背景知识储备，能够将信息融入更为宽泛的知识体系中，从而形成一个既全面又深刻的认知框架。

相较于高层理解，中层理解则位于浅层理解与高层理解之间，它要求人们能够把握信息的基本框架与核心观点，但无需深入探究每一个细节或完全掌握其内部的逻辑关系。中层理解通常需要个体具备一定的专业知识与分析能力，能够识别并提取信息中的关键要素，进而将其整合为一个相对完整的知识架构。

而浅层理解则仅停留于信息的表层，主要关注文字或数据的直接表述，缺乏对其深层意义的挖掘与探讨。这种理解层次通常对背景知识或专业知识的需求较低，仅需具备基本的阅读与理解能力即可实现。浅层理解能够帮助人们快速获取信息，但往往难以全面把握信息的真正价值与深层含义，从而限制了对信息的深入洞察与有效运用。

当下，高层图像理解算法的应用范围正在不断拓展，已逐步渗透至众多人工智能系统之中，这些系统广泛涵盖了诸如人脸识别支付、智能安全防护以及图像检索查询等多个关键领域。伴随着技术的持续革新与飞跃，这些算法在图像数据的处理与分析方面展现出了显著提升的能力，使它们能够在诸多错综复杂的场景之下发挥出至关重要的效能。

（三）三维视觉

三维视觉是一门专注于探索通过视觉途径获取三维空间信息（亦称三维重建）及深入解析这些信息的科学领域。在三维重建方面，根据信息来源的差异，可以将其细分为多种类型，包括基于单目图像的重建、基于多目图像的重建以及基于深度图像的重建等。这些重建方法各具特色，适用于不同的应用场景。而三维信息理解，则是利用已获取的三维信息来辅助或直接进行图像理解的过程。这一过程不仅涉及对三维信息的准确解读，还需要将其与图像理解技术相结合，以实现更为精准和全面的理解效果。通过三维信息理解，可以更深入地洞察物体的空间结构、形状特征以及相互之间的空间关系，从而为后续的图像处理、分析以及应用提供更为可靠的基础。

三维信息的理解是一个多维度且错综复杂的流程，它依据处理深度与复杂性的差异，可被细致地划分为三个递进层次：高层、中层与浅层。

高层理解主要聚焦于整体性的、抽象化的概念与语义层面。通过对三维数据的深度剖析与综合考量，该层次致力于提炼出蕴含高层次意义的关键特征与模式。这一理解过程往往要求深厚的背景知识积累与丰富的实践经验，以便对三维场景进行精准有效的阐释与推理。

相较于高层理解，中层理解则位于浅层与高层之间，它侧重于对三维信息的中等复杂度处理。在这一层次，系统能够识别并分类三维数据中的核心特征，诸如形状特征、纹理特征以及结构特征等。对这些特征的细致分析，可以进一步细化对三维场景的理解，从而为高层次的语义阐释提供坚实的支撑。中层理解通常需要结合具体的上下文信息，以便更精确地解读三维数据的内在含义。

处于最基础层次的浅层理解主要关注于三维信息的最基本、最直观的特征提取。在这一层次，系统会处理诸如点云数据、网格模型以及图像等原始数据，从中提取出基础的几何特征与视觉特征，例如边缘特征、角点特征以及表面法线特征等。浅层理解作为整个三维信息理解流程的基石，为后续的中层与高层处理提供了不可或缺的数据支撑。通过这种分层次的理解架构，我们可以更加高效地处理与分析复杂的三维信息，进而实现对三维场景的全面且深入的洞察。

（四）动态视觉

动态视觉科学专注于通过解析视频或图像序列来模拟人类处理连续图像信息的能力。该领域广泛涵盖了图像元素（如像素、区域及物体）在时序维度上的对应关系识别与追踪，并进一步深入挖掘其蕴含的语义信息。动态视觉研究的核心挑战在于如何高效地识别与理解图像序列中所呈现的运动与变化模式，从而实现对场景特征的精确描绘与合理解释。

总体而言，动态视觉不仅在理论层面具有重要的科学探索价值，而且在实践应用中同样展现出广泛的需求与巨大的发展潜力。随着研究的不断深入与技术的持续创新，动态视觉技术有望为未来的智能系统及应用提供强有力的支撑与赋能，推动相关领域取得更为显著的进步与突破。

（五）视频编解码

视频编解码技术涉及采用特定的压缩算法对视频流实施压缩处理的过程。在视频流的传输过程中，一系列关键的编解码标准扮演着至关重要的角色，其中包括国际电信联盟（ITU）制定的 H. 261、H. 263、H. 264、H. 265 标准以及 M-JPEG 和 MPEG 系列标准等。

视频压缩编码技术主要可以划分为两大类：一类是无损压缩，另一类是有损压缩。无损压缩技术确保在压缩过程中不会造成任何信息的丢失，因此，经过解压缩后的视频数据与原始视频数据保持完全一致，无任何质量上的损失。这种压缩方式特别适用于对图像质量有着极高要求的场景，例如医学影像的精细处理以及专业视频内容的制作。然而，值得注意的是，无损压缩的压缩效率相对较低，其压缩比通常仅能达到 2∶1 至 5∶1 的区间内。

相比之下，有损压缩技术在压缩过程中会选择性地丢弃一些相对不那么重要的信息，以此来换取更高的压缩效率。虽然经过有损压缩并解压缩后的视频在视觉上可能与原始视频存在一定的差异，但在多数情况下，这种差异对于观看者来说是可以接受的，特别是在网络带宽受限或存储空间有限的情况下，有损压缩技术展现出了其独特的优势。

六、生物特征识别技术

生物特征识别技术是指通过个体生理特征或行为特征对个体身份进行识别认证的技术。

（一）生物特征识别的两个阶段

从实际应用流程的角度审视，生物特征识别技术通常涵盖注册与识别两大核心环节。在注册环节中，系统借助多样化的传感器装置，对人体生物特征信息进行全面且详尽的采集作业。具体而言，图像传感器被部署以捕获指纹、面部等光学特征信息，而麦克风则负责记录语音等声学特征信息。随后，这些原始数据会历经一系列精密的数据预处理及特征提取技术流程，旨在提炼出具有辨识度的关键特征信息，并将这些特征信息妥善存储于数据库中，为后续识别流程提供数据支撑。

进入识别环节，系统会采用与注册阶段相一致的信息采集手段，针对待识别的个体实施信息采集作业。这包括利用图像传感器捕捉指纹、面部等光学特征以及利用麦克风记录语音等声学特征。所采集的数据会再次经过数据预处理及特征提取技术的精细处理，以提取出相应的特征信息。最终，系统会将当前提取的特征信息与数据库中预先存储的特征信息进行详尽的比对分析，从而实现对个体身份的精准识别与验证。通过这一严谨的流程设计，生物特征识别技术能够确保对个体身份的准确判定，进而保障系统的安全性与可靠性。

（二）生物特征识别的两种任务

从实际应用任务的维度来剖析，生物特征识别技术可被明确划分为两大类别：辨认任务与确认任务。辨认任务的核心在于，从一组预先已知的生物特征数据库中，精准地辨识出某个特定个体的生物特征信息，进而确定其身份归属。以机场安检场景为例，系统通过扫描旅客的指纹或面部特征信息，会在后台数据库中执行高效的匹配算法，从而准确地确认并验证旅客的身份信息。相较于辨认任务，确认任务则呈现出不同的侧重点。它主要关注的是验证某个个体所声明的身份与其实际身份的一致性。具体而言，确认任务是通过比对个体的生物特征信息与其声称的身份信息，来核实其身份的真实性。这一流程在诸如金融交易、门禁系统等多种应用场景中均发挥着至关重要的作用，旨在确保只有身份经过验证的个体才能访问受限资源或执行特定操作。

（三）生物特征识别技术的内容

生物特征识别技术涵盖了一个广泛而复杂的领域，其中包括指纹、掌纹、人脸、虹膜、指静脉、声纹及步态等多种生物特征，其识别流程融合了图像处理、计算机视觉、语音识别及机器学习等诸多先进技术。作为智能化身份认证的重要手段，生物特征识别技术在金融、公共安全、教育、交通等多个领域均展现出了广泛的应用价值。

1. 指纹识别技术

指纹识别技术是一种在身份验证与安全领域得到广泛应用的生物识别手段。该技术通过精细分析和比对个体的指纹特征来验证身份。指纹识别流程通常涵盖数据采集、数据处理及分析判别三个核心环节。首先，数据采集利用指纹扫描设备捕获指纹图像，这一步骤要求用户将手指置于扫描器的感应区，扫描器则通过光学或电容感应技术捕捉指纹的详尽信息，并将其转化为数字信号以备后续处理。其次，数据处理阶段对采集到的指纹图像进行预处理和特征提取。预处理包括图像增强、去噪及二值化等操作，旨在提升图像质量，凸显指纹特征；特征提取则从预处理后的图像中提取出如脊线端点、分叉点及环点等具有代表性的特征点，这些特征点将用于后续的比对流程。最后，分析判别阶段将提取的特征点与数据库中存储的指纹特征进行比对，以判断其是否匹配。这一步骤通常涉及复杂的算法，如模板匹配或神经网络方法。系统会计算匹配分数，以衡量待验证指纹与数据库中指纹的相似程度。若匹配分数超过预设阈值，则识别成功，否则失败。通过这三个环节，指纹识别系统能够高效且准确地完成身份验证任务，并广泛应用于门禁系统、手机解锁及金融交易等多个领域。

2. 人脸识别技术

人脸识别技术是一种典型的计算机视觉应用，它通过分析和处理图像数据来识别和验证个体身份。从应用流程来看，人脸识别技术可分为检测定位、面部特征提取及人脸确认三个主要步骤。首先，检测定位阶段旨在识别图像中的人脸区域，这一过程涉及复杂算法，能够在各种背景和复杂环境中准确定位人脸位置，其成功与否直接影响后续步骤的效果。其次，面部特征提取阶段在检测到的人脸区域中提取关键特征点，包括眼睛、鼻子、嘴巴等部位的位置和形状信息，通过提取这些特征点，系统能够生成独特的面部特征模板，用于后续比对和识别。最后，人脸确认阶段将提取的面部特征模板与数据库中已有的模板进行比对，以确认或否定被检测对象的身份。这一过程依赖于先进算法和大量数据支持，以确保识别的准确性和可靠性。尽管人脸识别技术在某些约束条件下已相对成熟，但在自由条件下，即面对更复杂多变的应用场景时，仍在不断改进和发展。影响人脸识别效果的因素众多，如光照条件、拍摄角度、图像遮挡、年龄变化、表情变化及佩戴眼镜或帽子等，这些因素都可能对系统性能产生不同程度的影响，导致识别准确率波动。为应对这些挑战，研究人员和工程师不断优化算法、改进硬件设备，并引入更多数据进行训练，以提高人脸识别技术在复杂条件下的鲁棒性和准确性。随着技术进步，人脸识别技术在安全验证、智能监控及人机交互等领域的应用前景将更加广阔。

3. 虹膜识别技术

虹膜识别技术的理论框架主要包括虹膜图像分割、虹膜区域归一化处理、特征提取及最终识别四个关键部分。这一框架为研究者提供了基础指导思路，推动了相关研究工作的开展，促进了虹膜识别技术的发展。然而，在实际应用中，虹膜识别技术面临传感器及光照条件等主要难题。传感器质量、精度及稳定性直接影响虹膜图像的采集效果，进而影响后续处理和识别准确性。若传感器性能不佳，则可能导致图像模糊、噪声增多等问题，降低识别系统可靠性。此外，光照条件变化对虹膜图像质量产生显著影响，过强或过弱的光照可能导致图像过曝或欠曝，使虹膜纹理特征难以捕捉；同时，不同光照下的颜色变化也可能干扰特征提取和识别过程。因此，如何在不同光照条件下保持虹膜识别的稳定性和准确性，是当前研究和应用中亟待解决的问题。

4. 指静脉识别技术

指静脉识别技术利用人体静脉血管中的脱氧血红蛋白对特定波长近红外线的良好吸收特性，采用近红外光对指静脉进行成像与识别。由于指静脉血管分布随机性强，网络特征唯一性好，且属于人体内部特征，不受外界影响，因此模态特性稳定。然而，指静脉识别技术应用面临的主要挑战来自成像单元，如何优化成像效果以提高识别准确性是当前研究的重点。

5. 声纹识别技术

声纹识别技术通过识别待识别语音的声纹特征来识别说话人。该技术通常分为前端处理和建模分析两个阶段。声纹识别过程是将某段语音经过特征提取后与多复合声纹模型库中的模型进行匹配。常用的识别方法包括模板匹配法和概率模型法。

6. 步态识别技术

步态是远距离复杂场景下唯一可清晰成像的生物特征。步态识别技术通过身体体型和行走姿态来识别人的身份。相比其他生物特征识别技术，步态识别难度更大，需要从视频中提取运动特征，并要求更高的预处理算法。然而，步态识别具有远距离、光照不敏感及跨角度的优势，因此在实际应用中具有广阔前景。

七、虚拟现实与增强现实技术

虚拟现实与增强现实技术是以计算机为核心的新兴视听科技，通过整合相关科学技术，能够在特定范畴内构建出与真实环境在视觉、听觉乃至触感层面高度相似的数字化场景。用户依赖特定的装备，能够与这些数字化场景中的元素进行交互作用，彼此影响，从而获取近乎真实环境的感受与体验。这一过程主要依赖于显示装置、追踪定位设备、触觉反馈设备、数据采集设备以及专用芯片等核心组件的协同作用。

（一）虚拟现实与增强现实技术的处理流程解析

从技术特性的维度审视，虚拟现实与增强现实技术可细化为五个关键的处理阶段，这些阶段全面覆盖了从信息获取与建模、数据分析与利用、内容交换与分发、展示与交互技术，直至标准与评价体系的构建等多个方面。

首先是信息获取与建模技术，其旨在利用各类传感器与设备，捕捉现实世界的物理数据，并将其转换为数字格式。这一过程涵盖了三维扫描、图像识别、动作追踪等核心技术，用于构建虚拟环境与对象的精确数字模型。

其次是数据分析与利用技术，其专注于对采集到的数据进行深度处理与分析，旨在更深入地理解并有效利用这些信息。这包括数据挖掘技术、模式识别算法以及人工智能的应用，它们共同提升了虚拟现实与增强现实应用的智能化程度。

再次是内容交换与分发技术，其聚焦于如何高效、安全地传输和共享虚拟现实与增强现实内容。这涉及网络传输协议、数据压缩算法以及云服务平台的运用，确保内容能够在各类设备与平台间实现无缝流转。

复次是展示与交互技术，其则致力于将虚拟现实与增强现实内容以直观、生动的方式呈现给用户，并提供自然流畅的交互体验。这包括头戴式显示器、手势识别系统、语音识别技术等，它们共同营造了沉浸式的体验环境，实现了用户与虚拟世界的无缝对接。

最后是标准与评价体系的构建，其对于虚拟现实与增强现实技术的健康发展至关重要。这涵盖了技术标准的制定、性能指标的确立以及用户体验评价方法的完善，旨在促进不同厂商与开发者之间的兼容性和互操作性，推动整个行业的持续进步。

正是基于这五个方面的技术特性，虚拟现实与增强现实技术得以在娱乐、教育、医疗、工业设计等多个领域得到广泛应用，为人们的生活和工作带来了颠覆性的变革。

（二）虚拟现实与增强现实技术面临的挑战及发展趋势

当前，虚拟现实与增强现实技术在发展过程中面临着四大核心挑战：智能信息获取、普适设备研发、自由交互实现以及感知信息融合。具体而言，在智能信息获取方面，如何高效、准确地捕捉并处理现实世界的信息，以实现虚拟环境中的逼真再现，仍是亟待解决的关键问题。在普适设备研发方面，研发人员需要开发出更加轻便、舒适且功能强大的设备，以满足用户随时随地享受沉浸式体验的需求。在自由交互实现方面，如何构建用户与虚拟环境之间的自然、直观且无障碍的交互机制，是提升用户体验的关键因素。在感知信息融合方面，如何将视觉、听觉、触觉等多种感官信息无缝融合，以实现更加真实、沉浸式的体验效果，也是当前研究的重点。

在硬件平台与装置方面，研究人员与工程师正致力于开发更高性能的处理器、更先进的显示技术以及更精确的传感器，以满足虚拟现实与增强现实技术对硬件的高标准要求。在核心芯片与器件方面需要不断创新，以实现更小尺寸、更低功耗和更高性能的芯片设计。在软件平台与工具方面，开发者正努力构建更加完善的开发环境和工具链，以降低虚拟现实与增强现实应用的开发难度，提高开发效率。在相关标准与规范方面，为了保障不同设备和应用之间的兼容性和互操作性，制定统一的标准和规范显得尤为重要。

展望未来，虚拟现实与增强现实技术将朝着更加智能化、虚实环境对象无缝融合、自然交互全方位覆盖以及舒适化体验的方向发展。在智能化方面，未来的虚拟现实系统将更加智能，能够更准确地理解和响应用户的需求，提供更加个性化的服务体验。在虚实环境对象无缝融合方面，虚拟世界与现实世界的界限将逐渐模糊，用户可以在两个世界之间自由穿梭，实现更加自然的交互体验。在自然交互全方位覆盖方面，未来的交互方式将更加多样化、自然化，用户可以通过语音、手势、视线等多种方式与虚拟环境进行交互。同时，交互设备也将更加注重舒适性和易用性。

第三章　人工智能技术在教育中的应用

第一节　人工智能教育概述

在当今时代，教育领域中的一个显著趋势是人工智能教育的崛起，它已成为学术界和实践界共同瞩目的核心话题。随着科技的日新月异，教育系统正逐步融合人工智能技术，以期优化学习体验并增强教学效果。人工智能教育的意义远不止于技术层面的应用，它还代表了一种教育理念的革新，其核心在于培养学生的创新思维、批判性思考能力和解决实际问题的能力。在教育实践中，人工智能的广泛应用尤其体现在个性化学习方案的制定上。通过深度分析学生的学习习惯、兴趣偏好以及学科掌握程度，人工智能系统能够精确地为每位学生量身打造学习路径和学习资源，从而更有效地满足其个性化学习需求，使学习过程更具灵活性和针对性。这种个性化的学习模式，不仅提高了学习效率，还极大地激发了学生的学习动力。

与此同时，人工智能在教育评估领域也展现出了巨大潜力。传统的考试评估方式往往难以全面反映学生的综合素质和能力，而人工智能则能够借助大数据分析技术，深入挖掘学生的学科潜能和个性特征，为教学评估提供更为精准和全面的支持。这不仅有助于教学更加精准地定位学生的需求，还促进了个性化教学策略的实施。需要强调的是，人工智能教育并非意在取代传统的教学方式，而是与之形成互补，共同推动教育的发展。教师在教育过程中的核心地位依然不可动摇，而人工智能则作为教师的教学辅助工具，为其提供了更加丰富的教学资源和手段，帮助教师更好地发挥引导作用，激发学生的学习兴趣。这种融合教学模式旨在打破传统教育的局限性，构建一个更加灵活、多元的学习环境，以激发学生的学习热情，促进其全面发展。

一、人工智能教育的内涵

在深入探讨人工智能教育的深刻内涵与远大目标时，需从以下三个维度进行细致剖析。

第一，需深入探究学习的本质机理及其背后的多元影响因素。学习科学这一跨学科的研究领域，广泛涵盖了教育学、心理学等诸多学科，其核心目的在于揭示学习的本质过程，并探索如何有效促进学习成效的提升。对人类学习机制的深度挖掘，不仅要求在理论层面展开广泛而深入的探讨，同时还需借助人工智能技术，特别是深度学习、情感计算等前沿技术，为揭示学习的本质机理提供强有力的技术支撑与验证手段。

第二，人工智能技术在推动教育辅助工具及智适应学习环境的发展中扮演着至关重要的角色。随着技术的持续进步，教育辅助工具正经历着从非智能向智能化转型的深刻变革，其设计理念也逐渐由传统的“以教为中心”向“以学为中心”转变。智适应学习环境，即自适应学习系统，正是基于人工智能技术而构建的一种更为智能、更为灵活的学习支持平台，已经成为当前教育领域中的一种新兴教育模式。

第三，在促进学习者个性化学习及全面自由发展的道路上，人工智能教育发挥着不可替代的作用。通过对教育大数据的深度挖掘与细致分析，能够更加精准地构建学习者、教学以及领域知识模型，从而为打造更加智能化的教育场景提供坚实的基础。此外，基于学习者个体差异的精准识别，智适应学习环境能够为其量身定制个性化的学习条件与路径，从而充分满足学习者的个性化学习需求，为其全面而自由的发展创造更加有利的条件。

二、人工智能教育的特征

（一）发展理念协同化

为了推动教育与人工智能的和谐共生与协同发展，首要的任务是坚守以人为本的教育哲学，超越单纯对技术进步的盲目崇拜，致力于构建教育与人工智能之间的有效对接与融合机制。这一机制的核心在于深切关注并充分满足人的实际需求以及追求人的自由而全面的发展，确保人工智能在教育领域的应用不是局限于技术的迭代与升级，而是更加聚焦于教育的本质——育人的核心使命。在此过程中，必须坚守人机协同的基本原则，必须深刻认识到人工智能在教育体系中仅扮演辅助性角色，无法完全取代教师在教育过程中的独特功能与核心价值。教育者应当积极提升与人工智能协同工作的能力，基于学习者的实际需求，精心构建需求导向的学习生态与教学空间。这一空间旨在促进人机之间的优势互补、良性互动与智慧共生，充分利用人工智能的技术优势，与教育者的专业知识、人文关怀与情感支持相结合，共同推动教育的智能化与智慧化转型，以实现教育领域的可持续发展与创新进步。

（二）教育资源开放化

在网络技术的不断驱动下，教育资源正逐步展现出一种开放共享的新趋势。教育知识图谱技术作为整合与优化教育资源的关键性手段，对于解决教育资源在网络空间中分散无序的问题具有重要意义。该技术能够高效地将结构化、半结构化乃至非结构化形式的教育资源进行有机整合，进而推动信息的无障碍共享与资源的深度融合。借助教育知识图谱这一平台，教育者与学习者能够在网络环境中实现自由交流与互动学习，轻松获取、交换及共享一系列系统而完整的教育资源。这种开放式的教育资源利用模式，不仅有助于满足个性化学习与教学的多元化需求，还能够有效缩小教育数字鸿沟，推动教育资源的均衡分布与广泛传播。通过这一技术的运用，有望构建一个更加公平、高效且充满活力的教育生态系统。

（三）关键技术集成化

在人工智能教育领域的演进历程中，大数据、算法与强大的计算能力共同构成了其坚实的基石，而生物特征识别技术、计算机视觉技术、情感计算以及自然语言处理等一系列前沿技术，则搭建起了该领域的技术架构。这些核心技术在相互融合与集成的过程中，展现出强大的协同效应，催生出诸如智适应学习系统、教育机器人等一系列创新的教育辅助工具与产品。通过深度集成这些关键技术，人工智能教育不仅显著提升了其实践应用的广度与深度，还为学生带来了前所未有的优质学习体验。学生在这种智能化教育环境的熏陶下，能够享受到更加个性化、高效且富有乐趣的学习过程。与此同时，这一集成多项关键技术的教育模式也极大地推动了整个教育系统的智能化转型与发展，为教育的未来开辟了新的可能性。

三、人工智能教育的技术框架

在人工智能教育技术的整体架构中，数据收集与深度分析占据着举足轻重的地位。系统通过广泛搜集学生的学习行为数据，能够全面洞察他们的学科偏好、学习速率以及知识体系的构建程度。这一数据驱动的分析过程，为个性化教学策略的制定奠定了坚实的基础，使教育过程能够更精准地贴合学生的个性化特征与需求，从而实现因材施教。此外，学习路径的智能化设计构成了技术框架的另一个核心要素。系统依据学生间显著的个体差异，能够动态生成个性化的学习蓝图，这涵盖了适应性学习资源的精准推送以及量身定制的学习任务规划。通过这一创新性的学习路径设计，学生的学习成效得以显著提升，确保每位学生都能在与其学习风格相契合的情境下，发挥出最佳的学习潜能，进而取得更加优异的成绩。

结合人工智能教育的内涵、目标和特征，下面从五个层级构建了人工智能教育的技术框架，如图 3-1 所示。

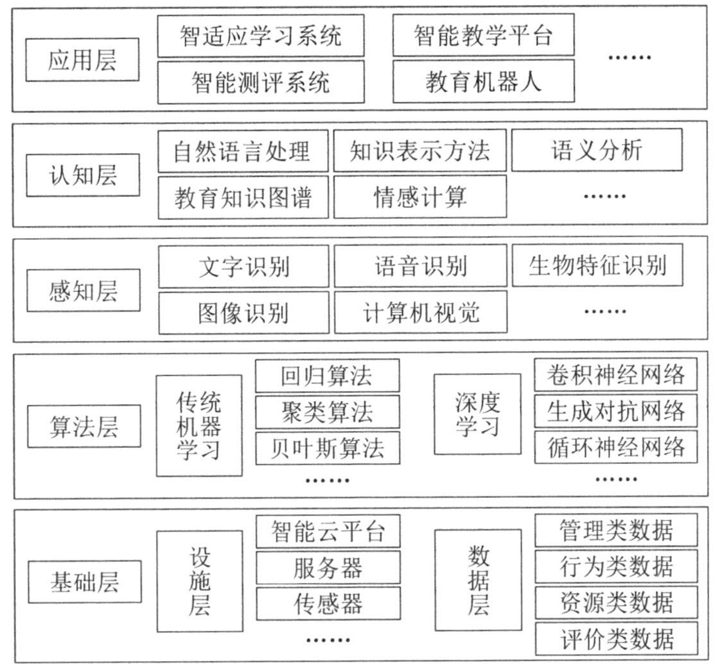

图 3-1　人工智能教育的技术框架

（一）基础层

人工智能教育的基石构筑于设施层与数据层这两大核心层面之上。设施层作为整个系统的硬件支撑，依托智能云平台、智能传感元件以及高性能智能芯片等关键基础设施，为整个教育生态系统提供了强大的存储与计算能力，奠定了坚实的技术根基。而数据层则广泛涵盖了种类繁多的教育相关数据，尤其是针对那些庞大且形态各异的非结构化数据，进行了有效的管理与利用，这一层面充分展现了教育大数据的繁复性与不可或缺性。通过这两大层面的紧密协作，人工智能教育得以在坚实的技术与数据支撑下，持续推动教育的创新与变革。

（二）算法层

人工智能教育技术的中枢在于算法层，该层次致力于运用算法对教育数据进行深度剖析，赋能机器以学习能力、预测能力和决策制定能力。在这一关键层级，深度学习等一系列尖端算法被广泛应用，它们以高效学习和强大表征能力为核心，专注于从海量数据中提炼价值。特别是在图像识别、文本解析等关键领域，这些算法展现出了非凡的优越性与准确性，为推动人工智能教育技术的革新与发展奠定了坚实的基础。

（三）感知层

感知层为机器赋予了强大的感知能力，涵盖了文字识别、语音识别以及计算机视觉等一系列先进技术。这一层次的实现，使人工智能教育系统能够敏锐地“捕捉”并“理解”

学习环境中的各类信息，为后续的认知处理与实际应用奠定了坚实的基础。此外，生物特征识别等前沿技术的融入，进一步拓宽了感知层的边界，使其功能更加全面且深入。

（四）认知层

认知层是对感知层功能的深化与拓展，它赋予了机器“深入洞察、全面理解”学习材料的能力。这一层次的核心技术涵盖了自然语言处理、知识表示方法以及教育知识图谱等，它们共同构成了对学习内容深入理解和有效处理的坚实基础。尤为值得一提的是，情感计算的引入，为机器增添了识别与模拟情感的能力，这一创新性的融入，为构建更加贴近人类情感世界的教学互动场景铺设了道路，从而极大地提升了人工智能教育系统的互动性与亲和力。

（五）应用层

应用层构成了人工智能教育技术架构的最顶端层级，其典型代表包括智能测评系统、教育机器人以及智适应学习系统等前沿应用。这些应用通过深度整合基础层、算法层、感知层以及认知层的核心功能，实现了在教学辅助、学习支持、教育评价及教育管理等众多领域中的广泛应用与深入渗透。技术框架的终极愿景，在于将人工智能技术与教育的各个环节深度融合，以此推动教育效果与用户体验的双重飞跃，从而开启教育智能化的新篇章。

四、人工智能教育的典型应用和发展趋势

（一）人工智能教育的典型应用

1. 智适应学习系统

智适应学习系统是一个集成了学习者模型、领域知识库、智能适应引擎以及用户交互界面的综合性平台。该平台深度融合了多样化的算法体系、教育知识图谱以及先进的学习分析技术，旨在精准地评估学习者的知识掌握状态与薄弱环节。通过这一系列精密的技术手段，系统能够动态地识别每位学习者的个性化需求，进而提供量身定制的学习服务，确保学习过程的个性化与高效性。

2. 智能教学平台

智能教学平台深度整合了学习分析技术、计算机视觉以及虚拟现实等前沿科技，精心构建出高度仿真的学习环境，使学习者能够沉浸于其中，享受身临其境的学习体验。如科大讯飞的畅言智慧课堂以及医学教育领域的虚拟手术模拟平台，都是该领域内的杰出典范。这些平台不仅提供了丰富多样的学习资源与详尽的学情分析报告，还极大地赋能教师，使其能够依据学生的个性化需求，实施更为精准的教学辅导与答疑解惑。在人机协同

的教学场景下，教育者可以充分利用学情报告与教学策略，实现教学的精细化与个性化。他们根据学生的实时学习反馈与数据分析，动态调整教学内容与方法，为学生提供更加多元化与深层次的学习体验，从而有效提升教学质量与学习成效。

3. 教育机器人

教育机器人作为一种创新的学习与教学辅助手段，巧妙地运用了多模态感知技术，以实现对自身及外部环境信息的全面接收与理解。在此基础上，它们能够主动进行逻辑推理，并作出智能化的决策。这类机器人能够灵活地扮演教师助理、学习伙伴等多重角色，为教育教学活动带来全新的助力。在担任教师助理的角色时，教育机器人展现出了强大的辅助能力。它们能够协助教师高效地完成一系列复杂任务，如自动生成精致的教学设计方案以及详尽的学生学情报告。更为先进的是，这些机器人能够实时地反馈教学活动的进展与成效，为教师提供及时且准确的信息支持，从而助力教师更加精准地把握教学节奏，优化教学策略。

4. 智能测评系统

智能测评系统作为一种近年来在教育领域广泛应用的工具，其核心价值在于能够自动采集并监测学习情况，实时追踪学习进程，并据此进行反馈与评价。计算机智能化测验与机器口语测评是这一系统中的两个典型应用实例。在计算机智能化测验中，系统通过智能算法，自动选取与学习者能力水平相匹配的测评内容，从而实现了测评效率的大幅提升。在这一过程中，系统不仅节省了人工选择测评内容的时间，还确保了测评内容与学习者实际能力的精准匹配。而机器口语测评则运用了先进的智能语音识别等技术，对被测者的口语表达进行自动化、高精度的测评与反馈。诸如批改网、大学英语四六级口语考试系统等应用，正是借助这一技术，实现了测评效率与客观性的双重提升。这些系统不仅能够快速、准确地完成口语测评任务，还避免了人工测评中可能存在的主观偏见，为教育评价提供了更为公正、可靠的依据。

（二）人工智能教育的发展趋势

1. 立足以人为本，培养学生核心素养和数字智商

在传统教育模式下，教育者的工作重心往往聚焦于完成一系列机械化的教学任务。然而，随着人工智能教育的蓬勃发展，教育者的角色与职责正悄然发生转变，他们开始更加注重于培养学生的核心素养，这一转变标志着教育理念的深刻革新。核心素养的内涵丰富而深远，它不仅涵盖了传统的学科知识积累，更将焦点投向了学生的学习能力、计算思维以及问题解决能力等关键领域。这些能力共同构成了学生未来成长与发展的重要基石。步入智能时代，学生所面临的学习环境与挑战发生了重大的变化。他们不仅需要掌握扎实的

学科知识，还需具备人工智能素养与数字智商，以灵活应对这个充满变革的时代。具体而言，学生应能够熟练运用人工智能平台与系统，借助这些高科技工具提高学习效率，实现自我超越。因此，人工智能教育的终极目标在于培养出一批既具备创新能力又拥有高数字智商的新型人才。这些人才将能够紧跟社会发展的步伐，成为推动时代进步的重要力量。通过人工智能教育的深入实施，有望为学生铺设一条通往未来的光明之路，使他们能够更好地适应并引领社会的发展潮流。

2. 满足学生需求，推进学习方式创新变革

人工智能教育的深入发展，预示着学习方式的根本性创新与变革。在这一进程中，个性化学习、群智协同学习、终身学习以及随性探索学习等新兴模式将逐渐成为主流趋势。人工智能教育将显著提升数据驱动的教学决策水平，并强化系统的智能适应能力，从而构建出高度智能化的适应性学习环境。这一环境将有力支撑大规模的个性化学习需求，使每个学习者都能获得量身定制的学习体验。群智学习模式的兴起，为学习者提供了一个全新的交流平台。通过系统提供的便捷端口，学习者可以深入地进行对话交流，共享丰富的学习资源，从而有效打破信息孤岛，促进知识的广泛传播与深度交融。此外，跨媒体技术的迅猛发展，将进一步打破传统学习方式的时空束缚，使学习变得更加灵活多样。学习者可以随时随地地进行随性探索学习，自由穿梭于不同学科领域之间，发现学科间的内在联系，拓宽自己的知识视野。综上所述，人工智能教育的推进将深刻改变学习方式的面貌，为学习者带来前所未有的学习体验与成长机遇。

3. 坚持人机协同，构建多元立体的教学交互空间

在教育转型背景下，构建多元化且立体化的教学交互空间显得尤为重要与迫切。借助感知技术、虚拟现实技术以及数字孪生技术等前沿科技手段，人工智能教育正致力于打造一个人机深度融合、多维度共生共存、智能水平显著提升的新型教学空间。

在这一教学空间中，学生将不再是被动的知识接收者，而是化身为积极主动的探究者，他们将在教师的引导下，自主探索、发现与解决问题。教师则扮演着引导者与辅助者的角色，他们利用人工智能提供的个性化服务，为学生的学习提供精准的支持与指导。通过感知技术，教学空间能够实时捕捉学生的学习状态与行为数据，为个性化学习路径的制定提供科学依据。虚拟现实技术则为学生创造了一个身临其境的学习环境，使他们能够在虚拟世界中进行实践操作与探索。而数字孪生体的应用，则进一步提升了教学空间的智能化水平，它能够将学生的学习情况与虚拟模型进行实时同步，为教学评估与反馈提供更为精准的数据支持。综上所述，人工智能教育正以前所未有的速度推动着教学交互空间的变革与创新，为学生与教师带来了更加高效、便捷与个性化的学习体验。

4. 深化技术升级，推动人工智能教育常态化应用

人工智能教育的广泛应用与持续深化，离不开技术的不断迭代与升级。随着算法模型与硬件设施的日益精进，多模态学习分析技术、适应性反馈机制以及人机协同教学模式将展现出更为卓越的应用效能，为教育领域的数字化转型注入新的活力。在未来技术的发展蓝图中，关键技术的突破与提升将成为核心焦点。这些技术将紧密围绕学生的实际需求，以提供更加个性化、高效的学习服务和体验为目标，不断推动人工智能教育的边界拓展与质量提升。与此同时，人工智能教育将与各学科领域实现深度融合，通过智能化的教学手段与方法，促进学科知识的深度挖掘与创新发展，为学科进步注入强劲动力。可以预见，人工智能教育将成为教育领域中的常态化应用趋势，其影响力将逐渐渗透教育的各个环节与层面，为培养具有创新精神与实践能力的人才提供有力支撑。

五、人工智能技术在教育中应用的必要性

（一）智能技术与教育发展的相辅相成

在当今社会，教育与人工智能技术之间的相辅相成关系愈发显著，彼此间的融合与创新成为推动教育进步的重要力量。人工智能技术以其独特的优势，为教育领域带来了前所未有的创新手段，极大地丰富了教学内容与方法，使之能够更好地适应学生的个性化需求。通过引入个性化学习模式和智能辅助工具，教育得以精准地对接每一位学生的学习特点与节奏，从而不仅显著提升了学习效果，还极大地激发了学生的学习兴趣，为教育的个性化与多样化发展注入了新的活力。教育发展的这一显著进步，不仅仅体现在学生个体的成长层面，还深刻地影响到了教育管理与决策的科学化进程。人工智能技术的深度融入，使学校的管理与决策机制更加智能、更加高效。借助先进的数据分析技术和预测模型，学校能够全面、精准地评估教育质量，及时发现并解决存在的问题。在此基础上，学校能够制定出更加具有针对性、前瞻性的发展策略，为教育的长远规划与科学决策提供了坚实的数据支撑与智力支持。综上所述，教育与人工智能技术的深度融合，不仅推动了教育的个性化与多样化发展，还极大地提升了教育管理与决策的科学化水平，为教育的全面进步与持续发展奠定了坚实的基础。

教育与人工智能技术的相互融合虽展现出巨大潜力，但其发展进程亦伴随着一系列挑战。首要挑战在于技术应用的地域不平衡性。在部分经济发达区域，人工智能技术已深度融入教育领域，为教育创新提供了强大动力。然而，在欠发达地区，由于先进技术设备与专业人才的缺失，教育资源无法实现均衡分配。这种地域性的技术应用差异可能进一步拉大教育差距，使得部分地区的学生难以充分享受人工智能技术所带来的教育红利，进而加剧了教育不平等的现象。其次，隐私与数据安全问题也是人工智能技术在教育领域应用时

面临的重要挑战。在智能教育系统的日常运作中，学生的个人数据被频繁地采集与分析，以优化教学效果和提供个性化服务。然而，若数据管理不善，便可能引发严重的隐私泄露和数据滥用问题，对学生的个人隐私权构成潜在威胁。因此，如何在充分利用学生数据提升教育质量的同时，确保学生的隐私权得到切实保障，成为当前亟待解决的关键问题。这一问题的解决，不仅需要技术层面的创新与突破，更需要法律法规的完善与监管机制的强化，以共同构建一个安全、高效的智能教育环境。

（二）国家竞争与教育改革的迫切要求

1. 人工智能技术的教育应用成为国际未来竞争的新焦点

人工智能技术在教育领域的应用正逐步演变为全球未来竞争的新高地。在全球化浪潮席卷全球的当下，教育作为推动国家和社会繁荣进步的核心要素之一，其重要性愈发凸显。与此同时，人工智能技术的蓬勃发展如同一股强劲的东风，为教育领域带来了前所未有的深刻变革，吸引了国际社会的普遍瞩目。人工智能技术在教育领域内的渗透深刻引领着教育体制的全面革新。教育管理者凭借人工智能技术的强大功能，能够更为精确地洞察学生的个性化需求及学科发展的前沿趋势，进而据此制定出更加科学、合理的教育政策框架。这一转变无疑为教育政策的制定提供了更为坚实的数据支撑与决策依据。在教学过程中，教师可以充分利用人工智能技术的优势，优化课程设计、强化教学反馈、深化学科指导，从而显著提升教学质量与学习成效。人工智能技术不仅能够为教师提供丰富多样的教学资源与工具，还能够通过智能分析学生的学习数据，为教师提供精准的教学建议与策略，助力教师实现更加个性化、精准化的教学。人工智能技术不仅颠覆了传统教育的固有模式与教学手段，还为教育的个性化发展、全球化融合与科学化推进开辟了全新的道路与可能。在这一时代背景下，国际社会亟须积极应对，携手共进，共同探索人工智能与教育的深度融合之道，以期推动教育更好地服务于全球社会的可持续发展目标。通过加强国际合作与交流，共同构建人工智能教育的全球治理体系，人类有望开创一个更加健康、可持续的未来教育。

2. 人工智能技术的教育应用成为国内教育改革的助推器

在国内教育变革的洪流中，人工智能技术正日益凸显其作为关键驱动力的角色，成为推动改革深入的核心要素。该技术的广泛应用不仅极大地拓宽了教育的边界与可能性，还为学生群体带来了更加个性化、深入且富有成效的学习经历。在教育领域，人工智能技术的融入不仅促进了课堂教学模式的革新，还在学校管理、评价体系等多个维度引发了积极的变革浪潮。智能教育系统能够精准捕捉并分析学生的学科掌握程度与个性化学习兴趣，据此为每位学生量身定制独一无二的学习资源与任务。这种高度个性化的学习方案，使学习过程更加贴近学生的个体差异，有效激发了学生的学习热情与探索欲望，进而显著提升了学习成效与满意度。同时，智能教育系统还能够通过实时跟踪学生的学习进展，为教师提供及时、准确的教学反馈，助力教师优化教学策略，进一步提升教学质量与效率。人工智能技术还为传统考试评价方式难以应对的多元化学科与知识体系需求提供了创新解决方案。相较于传统的单一考试模式，智能评价系统以其独特的优势，能够更为全面地评估学生的综合素养，这涵盖了知识水平、创新能力、实践操作等多个维度。通过运用先进的算法与数据分析技术，智能评价系统能够深入挖掘学生的潜在能力与个性特征，从而为教育评价体系的科学性、客观性提供了有力保障。这一变革不仅有助于构建更为完善、全面的教育评价体系，还推动了教育评价朝着多元化、综合化的方向发展。

综上所述，人工智能技术在教育领域的广泛应用，不仅为课堂教学带来了革命性的变化，还在教育管理、评价体系等多个层面引发了深刻的变革。这一技术的持续进步与深入应用，无疑将为我国教育事业的蓬勃发展注入更为强劲的动力与活力。然而，尽管人工智能技术在教育领域展现出了巨大的应用潜力，但其在实际应用中同样面临着诸多挑战。这些挑战既包括技术层面的难题，如算法的优化与数据的准确性等，也涉及伦理与法律层面的考量，如学生隐私的保护与数据使用的合规性等。因此，在推动人工智能技术与教育深度融合的过程中，需要审慎应对这些挑战，以确保技术的健康发展与教育的持续进步。

六、人工智能教育应用研发主体

人工智能领域的科技公司作为技术研发与创新的先锋，致力于将人工智能技术的前沿成果引入教育领域，为其提供强有力的技术支撑。这些企业在语音识别、自然语言处理、机器学习等多个关键技术领域，已积累了丰富的实践经验与深厚的技术底蕴，持续不断地推动着教育技术的革新与升级，加速着人工智能与教育领域的深度融合进程。

在教育科技领域，这些科技公司扮演着研发主体的核心角色，它们将最新的科技研究成果转化为实际的教育应用，通过开发一系列智能教育软件、在线学习平台及虚拟实验环境等创新工具，为教育领域带来了革命性的变革。这些创新的教育解决方案旨在满足学生与教师在教学过程中多样化的需求，提升教育的质量与效率。与此同时，学界实践主体包括各大高校及研究机构，也在人工智能教育的探索中发挥着不可或缺的作用。它们通过深入的教育科研与丰富的教学实践，不断挖掘人工智能技术在教育领域的潜在价值。这些实践主体所取得的研究成果与实践经验，不仅为业界研发主体提供了宝贵的理论支撑与实践指导，还进一步推动了人工智能教育应用的快速发展与广泛普及，为构建更加智能化、个性化的教育体系奠定了坚实的基础。

在人工智能教育应用的推动进程中，业界研发主体与学界实践主体携手并进，共同构成了这一领域发展的核心驱动力。业界在技术创新与产品研发方面不断取得突破，为教育实践提供了一系列前沿的工具与丰富的资源，极大地丰富了教育手段与方法。与此同时，学界在研究成果与实践经验方面的深厚积累，为业界提供了坚实的理论支撑与具体的实践指导，促进了理论与实践的深度融合。双方通过密切合作与互动交流，共同推动了人工智能技术在教育领域内的广泛应用与深入发展。关于业界研发主体的具体构成与代表性企业，可参见表 3-1 所列。这些企业在人工智能教育应用领域发挥着举足轻重的作用，通过持续的技术革新与产品开发，不断推动教育行业的智能化转型与升级。

表 3-1　人工智能教育应用研发主体（部分）

主体领域	主体名称（部分）	人工智能技术教育应用（部分）
互联网公司	阿里巴巴	钉钉未来校园
	腾讯	腾讯智慧校园
	百度	百度智慧课堂
	微软	搭建 Azure AI 教育平台
人工智能科技公司	科大讯飞	翻译机、学习机等教育、类智能硬件产品
	商汤科技	SenseStudy、教育机器人小车 SenseRover Mini/Pro
	OrCam	人工智能视觉辅助设备
教育科技公司	新东方教育	N-Brain 人工智能教育学习平台、“AI 班主任”
	松鼠 AI 智适应教育	K12 教育领域的 AI 自适应学习辅导
	沪江教育	Uni 智能学习系统、Hitalk 口语产品

在教育实践领域内，人工智能技术的运用吸引了学界多方的积极参与，形成了一个多元化的主体群体，涵盖了教育部门、各类学校、教育机构及家庭等广泛层面。这些参与者共同致力于将已研发的人工智能技术产品融入教育活动中，旨在通过获取、采购或租赁等途径，实现人工智能对教育领域的全面赋能与革新。在这一进程中，教育部门扮演着举足轻重的角色，通过制定相关政策与提供资源支持，为学校和机构采纳人工智能技术创造了有利条件，推动了其在教育领域的广泛应用。作为教育体系的基石，学校亦积极响应，主动引入人工智能技术，将其应用于教育教学、学科辅助等多个维度，以期提升教学效果、优化学习体验，为学生的全面发展提供有力支撑。此外，教育机构与家庭作为教育生态的重要组成部分，同样在人工智能技术的引入与运用中发挥着积极作用，共同促进了教育领域的智能化转型与升级。

在智慧教育应用的迅速崛起与广泛推广中，其主体规模的扩大成为塑造这一新兴领域格局的关键因素之一。此主体规模的变化不仅深切关联着人工智能教育普及的广度与深度，还直接作用于教育体系的稳固性及其可持续发展的潜力。值得注意的是，人工智能教育应用的主体规模在教育机构的不同层级间展现出了显著的多样性特征。从基础教育到高等教育，从公立学校到私立机构，乃至在线教育平台与终身学习社区，各类教育机构在智能教育应用的采纳与实施上均呈现出了各具特色的规模与模式。这种人工智能教育应用主体的多样性不仅丰富了智慧教育的实践形态，也为教育领域带来了更为复杂且多元的发展路径与战略选择。

在人工智能教育应用领域的主体构建中，政府的引领与扶持占据着举足轻重的地位。政府能够借助政策导向、财政资助等多种措施，有效激励教育机构充分利用主体规模的优势，深化人工智能教育应用的实践与探索。此外，政府还需建立健全的监管框架，以确保在人工智能教育应用主体规模不断扩张的同时，教育质量得以稳步提升，师生的合法权益得到充分保障。政府的深度介入，不仅为人工智能教育应用主体规模的健康发展提供了坚实的制度支撑，还引领人工智能教育应用朝着更为稳健、可持续的发展路径迈进。人工智能教育应用主体在勾勒人工智能教育未来蓝图的过程中，扮演着至关重要的角色。通过科学的战略布局与合理的政策引导，各类规模的人工智能教育应用主体能够在其专长领域内释放更大的潜能，携手并进，共同推动人工智能教育应用取得更为丰硕、全面的成就。这一进程不仅为教育领域的革新与现代化增添了新的活力，还为教育改革的深入实施与全面推进提供了强有力的助推力。

第二节 人工智能技术在智慧教学中的应用设计

在智慧教学实践的深化过程中，人工智能技术的应用设计扮演着至关重要的角色，它通过构建个性化学习体验来显著提升学生的学术表现。借助先进的智能教辅工具，系统能够精准捕捉学生的学习偏好与薄弱环节，为教师提供宝贵的洞察信息，助力其灵活调整教学策略，以更加贴合学生个性化需求的方式开展教学活动，进而有效提升学习成效。此外，智能化学习资源的精准推送也构成了另一项关键设计思路。人工智能系统深入分析学生的学习历程与兴趣偏好，智能筛选并推送高度相关的学习资源，这不仅极大地丰富了学生的学习内容与层次，还促使他们能够有针对性地汲取知识，显著提高学习效率。通过这一智能化的资源推送机制，学生的学习路径得以优化，知识掌握更为牢固。

展望未来，人工智能在智慧教学中的应用设计应当全面覆盖个性化学习体验、智能化学习资源推送、互动式智能辅导以及智能化评估反馈等多个维度。这些创新设计不仅能够显著提升学生的学业成绩，还能够激发学生的自主学习热情，培养其问题解决与批判性思维能力，为教育的智能化、个性化发展注入新的活力。通过持续探索与实践，人工智能将引领教育进入一个更加智慧、更加高效的新时代。

一、人工智能技术支持的智慧教学设计条件

（一）科技强国政策推进智慧教学的发展

在我国政府实施的科技强国宏伟蓝图中，人工智能技术被明确赋予了在教学管理、教育资源构建等多个层面进行全面渗透与应用的重要使命，旨在加速教育改革的步伐，优化人才培养的模式。一系列精心设计的政策措施，犹如明灯般为学校的智慧课堂建设照亮了前行的道路，提供了新颖的方向与实施策略，使教育日益向科技化转型，成为衡量社会进步的一把标尺。在此背景下，积极拥抱智能化新技术，勇于探索并开启智慧教学的新模式，不仅是回应时代召唤的必然抉择，更是推动教育现代化、培养未来所需人才的必经之路。通过深度融合人工智能技术与教育教学实践，有望构建一个更加高效、更加个性化的教育生态系统，为每一个学习者提供量身定制的学习路径与资源，从而培养出更多具备创新精神与实践能力的优秀人才，为国家的长远发展奠定坚实的基础。

（二）培养智慧型人才的教学目标是智慧教学设计的核心

智慧教学设计的精髓在于激发学生的智慧潜能与实践创新能力，这一核心理念超越了传统的三维教学目标，要求教师在教学过程中更加聚焦于学生智慧的培育。借助“智慧课堂”这一创新平台，信息技术与网络科技被巧妙融入课堂教学之中，旨在点燃学生的学习热情，激发他们的主动探索与积极实践。在这一框架下，教师需要精心设定具体而明确的学习目标，并创设富有吸引力的教学情境，通过构建生动有趣的虚拟学习环境，将教学目标自然而然地融入智慧教学的每一个关键环节。这一过程的最终指向，是促进学生智慧的萌芽与成长，旨在培养出具备知识广度、能力深度、情感丰富度以及意志坚韧度等多方面素养的综合型、多维度人才。面对“互联网+”时代的教育新使命，智慧教学设计还需着眼于培养适应未来社会需求的智慧型人才。通过这一路径，不仅能够提升学生的综合素养，还能为“互联网+”时代的教育发展注入新的活力，为社会输送更多具备创新精神与实践能力的智慧型人才。

（三）人工智能技术成为智慧教学设计的技术支撑

在智慧教学设计的宏伟蓝图中，人工智能技术担当起了至关重要的技术基石角色。借助希沃白板、希沃易课堂以及希沃班级优化大师等一系列尖端技术工具，成功搭建起一个功能强大的互动教学平台，该平台以多媒体交互白板为中枢，深度整合了电子白板所蕴含的庞大资源与多样化的教学辅助工具，同时巧妙融合了红外感应与多点触控等前沿技术，实现了对白板内容的灵活操控，极大地丰富了师生互动的层次与深度。在这一创新的教学模式下，学生借助智能终端平板，轻松实现了学习过程的无纸化转变，不仅大幅提升了学习效率，还在无形中培养了他们的数字化学习能力。这些技术的综合运用，为智慧课堂营

造了一个更加生动有趣的学习环境，为学生在知识的海洋中自主航行与构建知识体系提供了强有力的支撑。此外，终端设备与无线网络等先进技术的无缝对接，使师生能够随时随地、便捷高效地获取与利用丰富的教学资源，进一步推动了教学过程的优化与升级。由此可见，人工智能技术在智慧教学中的深度融入，不仅为教育信息化的快速发展提供了坚实的技术支持，更为教育事业的革新与进步开辟了新的道路。

二、人工智能技术支持的智慧教学设计要素

在教学设计的初步筹划阶段，教学构架扮演着智慧教学蓝图绘制的先行角色。它是教师在正式展开教学设计之前，通过细致比对过往的教学经验与当代智慧教学的严苛要求，对构成教学流程的诸多要素进行深度剖析与清晰梳理的思维架构。此构架的精髓，在于助力教师有条不紊地筹划智慧课堂的布局、教学目标的设定、教学方法的遴选以及教学评价的构建等核心环节，从而为智慧教学的顺利推行铺设一条系统性、条理清晰的实践路径。

教学构架旨在引导教师全面审视并优化智慧课堂环境的营造，确保教学目标的设定既符合教育发展的前沿趋势，又能够精准对接学生的学习需求。同时，它还促使教师在教学方法的选择上更加灵活多变，能够依据教学内容与学生的实际情况，采用最为适宜的教学策略。此外，教学构架还强调了教学评价的重要性，鼓励教师构建一套科学、全面的评价体系，以客观、公正地评估学生的学习成效，进而为教学质量的持续提升提供有力保障。

在教学设计的整体框架中，教学方法的构思占据着举足轻重的核心地位。教师需要深入探索如何巧妙融合现代科技手段与个性化教学策略，以此激发学生的内在学习动力，促使他们深度融入教学过程。通过不断推陈出新，创新教学方法，教师能够更加高效地引导学生在智慧教室这一全新环境中展开学习活动，确保学习过程既富有成效又充满乐趣。

在教学设计的初步阶段，教师对教学情境的合理预设至关重要。教师需要在教学框架内对各种可能出现的教学情境进行细致入微的设想与周全准备。这一步骤有助于教师在实际授课过程中，面对各种突如其来的教学挑战时，能够迅速调整教学策略，确保教学的流畅性与实效性，从而进一步提升教学的灵活性与适应性。

学习成果的预测构成了教学设计框架的收尾环节。通过对整个教学流程的精心布局与周密规划，教师能够更为准确地预判学生在智慧教学环境中可能达到的学习成效，为后续的教学评价与策略调整提供坚实的数据支撑与理论依据。

综上所述，教学构架为教师打造了一个系统完备、条理清晰的设计蓝图，指引其在智慧教学环境中有的放矢地进行规划与筹备。通过全面熟知智慧教学环境、明确创设教学目标、广泛获取教学资源、精心构思教学方法、合理预设教学情境以及准确预测学习成果等一系列环节，教师能够更加井然有序地推进智慧教学的全过程，具体实践流程如图 3-2 所示。

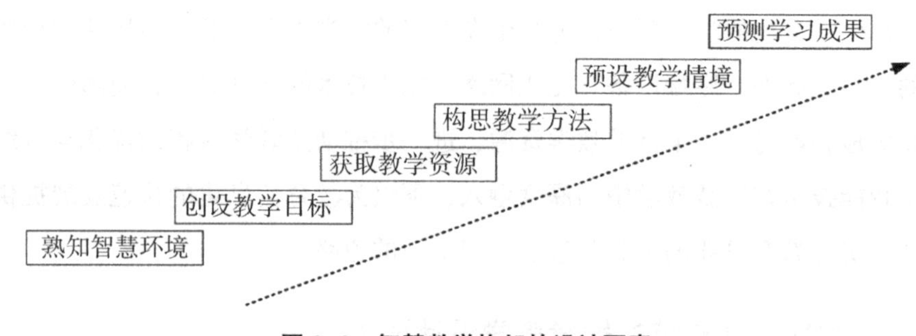

图 3-2 智慧教学构架的设计要素

（一）熟知智慧环境

在智能教育这一新兴领域中，智慧课堂作为核心要素，其构成涵盖了移动 5G 网络、个人电脑、电子白板、云课堂平台以及一系列人工智能教育产品等多元化技术组件。在这一高度信息化的教学环境中，教师应当积极适应并熟练掌握新一代技术产品的应用，确保能够充分发掘并高效利用这些技术的潜力。教师需要具备运用这些技术产品的能力，对学生的学习状态及环境特征进行全面、细致的自动采集、整合与深度分析。在此基础上，教师还应能够自动评估学生的学习成效，精准识别每位学生的学习需求，进而依据这些个性化需求，精心设计并制定出富有针对性的学习方案。这一过程不仅要求教师具备扎实的技术基础，还需具备敏锐的教育洞察力与创新能力，以确保智慧课堂能够真正发挥出其在智能教育环境中的独特优势，为学生的学习成长提供强有力的支持。

（二）创设教学目标

在构建智慧课堂的实践探索中，教学目标的预先设定需紧密贴合新课程改革的核心理念，即围绕知识与技能、过程与策略、情感态度与价值认同这三维目标体系展开，同时着重强调对学生智慧潜能的激发与实践能力的培养。其核心要义在于，借助智慧课堂这一创新平台，深度激发学生的智慧火花，旨在将学生塑造成为兼具创新思维与实际操作能力的智慧型人才。智慧课堂应成为孕育学生智慧生成的热土，通过精心设计的教学活动与丰富多样的学习资源，引领学生主动探索、积极实践，从而在知识与技能的学习过程中，不断锤炼其问题解决与批判性思维的能力；在过程与策略的实践中，逐步掌握自主学习与合作学习的有效方法；在情感态度与价值认同的培育上，树立正确的世界观、人生观与价值观，形成积极向上的学习与生活态度。这一系列目标的实现，不仅是对学生个人全面发展的有力促进，也是对社会所需智慧型人才的有效培养。

（三）获取教学资源

在智慧课堂的构建与运用中，教师应当充分利用终端设备，通过智慧云课堂这一高效平台，主动搜寻并获取丰富多样的教学资源，同时，也应积极引导学生掌握自主获取资源的方法与技巧。值得注意的是，智慧云课堂凭借其强大的大数据分析功能，能够智能识别学生的学习需求与兴趣点，进而自动推送个性化的学习资源。这一特性极大地促进了学生在合作探究活动中的积极参与，使他们能够更加主动地获取信息、系统地整理信息以及创造性地加工信息。通过这一过程，学生不仅能够在合作探究中深化对知识的理解与掌握，提升团队协作与沟通能力，更重要的是，他们能够在实践中逐步培养起独立思考与解决问题的能力，即智慧学习能力。这一能力的培养，不仅为学生未来的学习与工作奠定了坚实的基础，也是对智慧教育目标的有力践行，旨在培养出具备创新精神与实践能力的复合型人才。

（四）构思教学方法

在智慧课堂的实践探索中，教学方法的多元化是提升教学效果的关键所在，其中自主探究、任务导向以及合作研讨构成了核心的教学策略。教师应当致力于为学生营造一个充满挑战性的问题情境，以此激发学生的求知欲与探索欲，引导他们积极主动地投身于知识的海洋，通过自主搜寻与深度挖掘，获取所需的信息与知识。在此基础上，教师应巧妙地设计一系列具有针对性的任务，让学生在完成任务的过程中将所学知识应用于实践，通过解答问题来验证并巩固学习成果。这一过程不仅有助于加深学生对知识的理解与掌握，还能在实践中锤炼他们的思维能力与问题解决能力，从而有效促进学生的智慧生成与全面发展。通过自主探究、任务导向与合作研讨的有机结合，智慧课堂得以成为一个充满活力与创新的学习空间，为学生的成长与进步提供强有力的支撑。

（五）预设教学情境

在智慧教育的背景下，教师在智慧课堂中扮演着至关重要的角色，他们需依据具体的教学内容，精心设计与构建既真实又富有趣味性的情境主题，以此作为激活学生思维、培养其问题解决能力的有效载体。一个恰当的教学情境，如同磁石一般，能够强力吸引学生的注意力，充分激发他们的学习兴趣，进而为提升教学效果奠定坚实的基础。为了构建这样的教学情境，教师需要充分利用信息技术资源设备的灵活性与多样性，通过巧妙融合多媒体元素、虚拟现实技术等先进手段，创设出丰富多样的学习场景。这些场景不仅能够生动再现教学内容，还能够有针对性地引导学生深入其中，积极参与学习活动，从而在互动与体验中实现知识的内化与能力的提升。在这一过程中，教师还需注重情境的针对性和引导性，确保每个情境都能紧密贴合教学目标，有效地促进学生的认知发展与实践能力的提升。通过智慧课堂的这一创新教学模式，教师得以在更广阔的教学空间内，以更加灵活多变的方式，引领学生探索知识的奥秘，享受学习的乐趣。

（六）预测学习成果

在智慧教育的实践探索中，智慧课堂成为教师实施个性化教学的重要平台。在此环境中，教师可以通过先进的系统平台发布测试题，全面收集并分析学生的答题数据。借助大数据技术的强大力量，教师能够提前洞察并展示学生在答题过程中出现的错误，进而及时纠正，并为学生提供个性化的学习建议与指导，助力他们精准定位学习短板，实现高效学习。与此同时，该系统还能够对整个班级的学习状况进行深度剖析，精准描绘出班级的学习水平图谱，并基于历史数据预测学生可能遇到的易错题型。这一功能为教师制定有针对性的教学策略提供了强有力的数据支撑，使教师能够因材施教，设计出更加贴合学生实际需求的教学活动，从而有效提升学生的整体学习效果。

综上所述，智慧课堂通过整合大数据分析等先进技术，实现了对学生学习行为的精准预测与指导，同时也为教师提供了科学的教学决策依据，共同推动了智慧化学习预测与指导体系的不断完善与发展。

三、人工智能技术支持的智慧教学应用设计

在智慧教学应用的创新设计领域，人工智能技术所扮演的角色至关重要且不可或缺。它凭借个性化教学策略的精准实施、实时反馈机制的高效建立、多元化教学资源的广泛整合以及智能化教学工具的巧妙运用，使智慧教学应用能够更为精准地对接学生与教师的多样化需求，从而在本质上推动了教育质量与教学效果的双重提升。这一以人工智能技术为坚实支撑的智慧教学应用设计模式，正逐步引领教育领域迈向一场深刻而全面的变革。它不仅重塑了传统的教学流程与模式，还在教学方法与手段上实现了突破性的创新，为教育的未来发展开辟了全新的路径。具体而言，从个性化学习路径的规划到实时学习成效的反馈，从多元化学习资源的获取到智能化教学辅助工具的应用，每一个环节都彰显出人工智能技术在智慧教学应用设计中的独特价值与深远影响。如图 3-3 所示，这一变革的具体环节与流程得到了清晰的呈现，为深入理解人工智能技术在教育领域的应用提供了有力的支撑。

（一）推送资源，自主学习

智慧教室通过巧妙融合电子白板与云平台等前沿技术，能够在课程开始之前，向学生推送一系列丰富多样的预习资源，涵盖慕课、微课以及精心制作的学习课件等多种形式。这一创新性的资源推送方式，极大地激发了学生自主学习的热情与内在动机，促使他们利用手中的移动设备，积极主动地投入到课前预习的活动中。在此基础上，教师通过全面而深入地分析学生的预习情况，能够更加精准地把握学生的学习需求与认知水平，进而在教学方法的选择与设计上作出更为科学合理的决策。这一过程中，教师不仅注重教学方法的多样性与灵活性，还强调个性化指导的重要性，力求为每位学生提供量身定制的学习支持与指导，从而有效促进他们的全面发展与成长。智慧教室凭借其在技术融合与资源推送方面的独特优势，为激发学生的学习兴趣、提升自主学习能力以及优化教学方法等方面带来

了显著的积极影响，为教育领域的创新发展注入了新的活力。

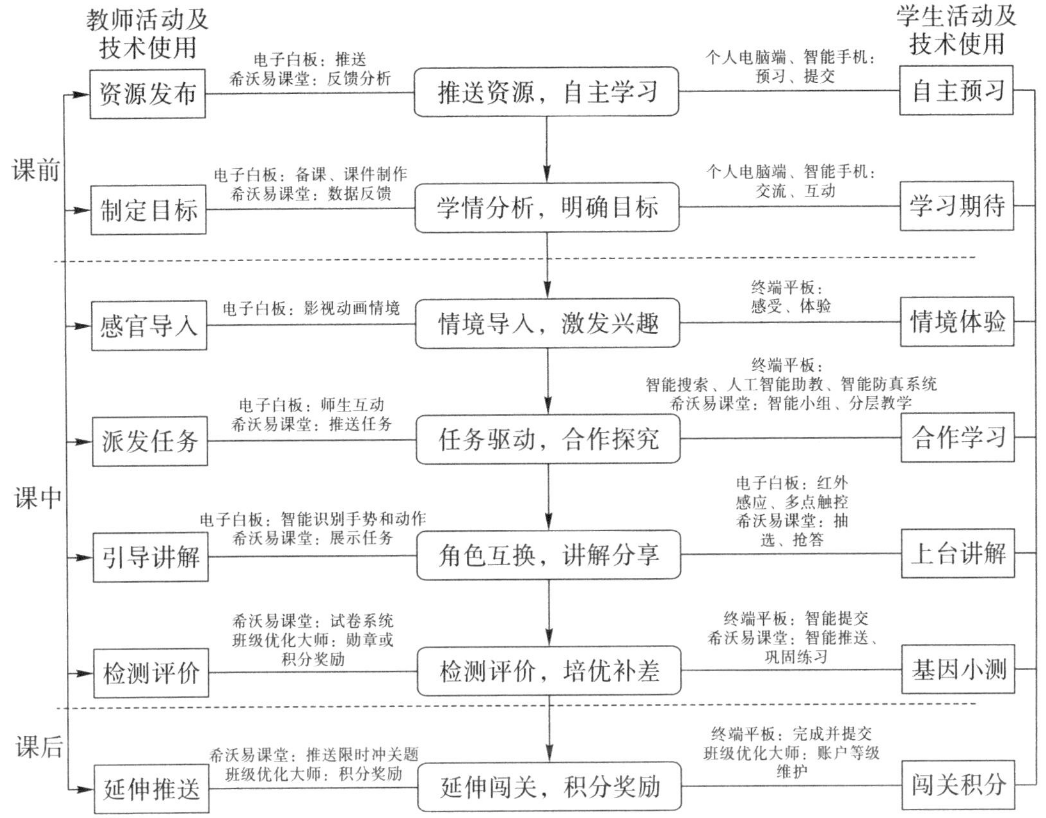

教师活动及技术使用
学生活动及技术使用
课前
资源发布
电子白板：推送
希沃易课堂：反馈分析
推送资源，自主学习
个人电脑端、智能手机：预习、提交
自主预习
制定目标
电子白板：备课、课件制作
希沃易课堂：数据反馈
学情分析，明确目标
个人电脑端、智能手机：交流、互动
学习期待
课中
感官导入
电子白板：影视动画情境
情境导入，激发兴趣
终端平板：感受、体验
情境体验
派发任务
电子白板：师生互动
希沃易课堂：推送任务
任务驱动，合作探究
终端平板：智能搜索、人工智能助教、智能防真系统
希沃易课堂：智能小组、分层教学
合作学习
引导讲解
电子白板：智能识别手势和动作
希沃易课堂：展示任务
角色互换，讲解分享
电子白板：红外感应、多点触控
希沃易课堂：抽选、抢答
上台讲解
检测评价
希沃易课堂：试卷系统
班级优化大师：勋章或积分奖励
检测评价，培优补差
终端平板：智能提交
希沃易课堂：智能推送、巩固练习
基因小测
课后
延伸推送
希沃易课堂：推送限时冲关题
班级优化大师：积分奖励
延伸闯关，积分奖励
终端平板：完成并提交
班级优化大师：账户等级维护
闯关积分

图 3-3 智慧教学设计“7+7”模型

（二）学情分析，明确目标

借助互联网平台，能够高效地汇集学生的答题数据，并据此开展深入的学情分析工作，从而更为精确地把握学生对知识点的掌握程度。这一过程不仅为教学目标的明确提供了有力的数据支撑，还能够依据学情分析结果，设计出更具个性化的教学方案。

在具体实施过程中，注重对学生学习情况的细致分层，以便更有针对性地开展分层次指导。通过这一策略，教学能够更加精准地适应不同学生的需求，确保每位学生都能在适合自己的学习节奏与难度下获得最佳的学习效果。这种基于数据驱动、注重个体差异的教学策略，不仅提升了教学的针对性与实效性，还为学生的个性化成长与发展奠定了坚实的基础。

（三）情境导入，激发兴趣

在智慧课堂的构建中，教师巧妙地运用电子白板与多媒体资源，精心打造出一系列既真实又引人入胜的学习情境。这些情境通过生动的问题场景，有效地激发学生的好奇心与探索欲，使他们以更加饱满的热情投入学习之中。在情境导入的设计上，教师需秉持因材施教的原则，灵活选用多样化的导入方式，以期充分调动课堂氛围，营造出一个积极主动、充满活力的学习环境。情境导入不仅为学生顺利进入学习状态搭建了桥梁，还在无形中提升了课堂的教学效果。通过精心设计的情境，学生能够更加直观地理解知识，更加深刻地体验学习过程，从而在脑海中留下更为深刻的印象。这一过程不仅有助于学生对知识的内化与吸收，也为他们后续的学习与发展奠定了坚实的基础。因此，在智慧课堂的实践中，情境导入的设计与实施显得尤为重要，它不仅是提升教学效果的关键一环，还是激发学生潜能、培养其创新思维与实践能力的重要途径。

（四）任务驱动，合作探究

依据分布式认知理论的指导原则，教师应当摒弃那种追求短期成效的急功近利心态，转而利用电子白板这一先进的教学工具，精心设计与分发具有挑战性的学习任务，以此激发学生的内在学习动力，引导他们踏上自主探究的学习之旅。在这一过程中，学生被鼓励在小组内部展开积极而深入的合作讨论，通过思想的碰撞与智慧的交融，共同探索知识的奥秘。教师则扮演着至关重要的引导者与支持者的角色，他们需时刻关注学生的学习状态，根据课堂实际情况灵活调整教学节奏，确保每位学生都能在适合自己的学习节奏下获得最佳的学习效果。同时，教师还需提供智能化的学习支持，如利用智能教学系统对学生的学习数据进行实时分析，为他们提供个性化的学习建议与反馈，从而有效促进学生的知识掌握与能力提升。通过合作探究这一教学模式的实施，学生不仅能够在知识学习上取得显著的进步，还能在合作与探究的过程中逐步培养出团队协作、问题解决以及批判性思维等关键能力，为他们的全面发展与终身学习奠定坚实的基础。

（五）角色互换，讲解分享

通过实施角色互换的教学策略，让学生暂时担当起教师的职责，进行知识的讲解与分享，这一创新方法深刻地践行了以学生为主体的现代教育理念。在这一过程中，学生运用更加贴近自身语言习惯与思维逻辑的方式，向同伴阐述知识点，这种贴近学生实际的表达方式极大地促进了学生间的思维碰撞与情感交流，形成了良好的互动氛围。鼓励学生在讲解过程中积极发表个人见解，分享学习心得，这不仅有助于加深他们对知识的理解与掌握，还能在互动中激发新的思考火花，拓宽彼此的学习视野。与此同时，教师作为引导者，应适时地对学生的讲解进行点评与反馈，既肯定了学生的努力与成果，又指出了改进的方向与空间，进一步促进了学生间的互动交流与学习成长。综上所述，角色互换的教学策略不仅实现了教学主体的有效转换，还在互动交流中促进了学生思维的活跃与情感的共鸣，为构建高效、和谐的课堂学习环境提供了有力支撑。

（六）检测评价，培优补差

借助智能化系统的强大功能，教师能够实时地对学生的学习状况进行监测与综合评估。该系统通过精心设计一系列难度各异的测验任务，并根据学生的能力水平智能地进行推送，从而确保教师能够即时且准确地掌握学生的学习动态。在此基础上，教师可以充分利用大数据分析的结果，针对不同学生的学习特点与需求，实施差异化的教学指导策略，真正意义上实现了因材施教的教育理念。此外，智能化系统还提供了多元化的评价方式，这些评价方式不仅涵盖了传统的知识掌握程度评估，还融入了对学生能力发展、情感态度等多个维度的考量，从而更为全面、深入地揭示了学生的学业水平。通过综合运用这些评价方式，教师能够更加精准地把握学生的学习状态，为后续的教学调整与优化提供有力的数据支撑，进一步促进学生的全面发展与成长。

（七）延伸闯关，积分奖励

在教育实践中，创新性地引入游戏化的教学元素，通过巧妙设置任务积分与闯关挑战机制，可以点燃学生的学习积极性。学生被吸引到一系列精心设计的闯关活动中，通过积极参与并成功完成挑战，他们能够赢得积分奖励，这一正向反馈机制极大地提升了学生的学习动机。

此游戏化教学模式不仅将学习过程与趣味性的游戏元素深度融合，使学生在轻松愉悦的氛围中掌握知识，更在无形中培养了学生的学习兴趣与团队协作能力。学生在闯关过程中，需要与同伴紧密合作，共同解决难题，这一互动过程不仅加深了他们对知识的理解与掌握，更在团队协作中锻炼了沟通、协调与解决问题的能力。综上所述，游戏化教学策略的引入，不仅丰富了教学手段，还在激发学生学习兴趣、提升学习动机以及培养团队协作能力等方面展现出了显著的优势，为教育领域的创新实践提供了有益的参考与借鉴。

四、人工智能技术支持的智慧教学设计建议

（一）培养学生自主能力

在传统的教学框架内，学生往往倾向于依赖教师的直接督促与指导，而智慧教学模式的兴起，则为培养学生独立自主的学习能力提供了前所未有的契机。为了充分利用智慧教学环境的独特优势，教师与学生应当携手并进，共同探索并实践新型的教学方式，以期激发学生的学习主动性，促使他们更加积极地参与学习活动。针对那些自我管理能力相对较弱的学生群体，教师需采取更为细致入微、循序渐进的教学策略。具体而言，教师可以借助智慧教学平台提供的丰富资源与个性化学习路径，逐步引导学生建立起自主学习的意识与习惯。在这一过程中，教师不仅要传授知识与技能，还要注重培养学生的自我管理能力，使他们能够逐渐学会如何独立规划学习时间、监控学习进度，并有效应对学习过程中遇到的挑战。综上所述，智慧教学模式的推广与应用，不仅要求教师转变教学方式，还强调了学生自主学习与自我管理能力的培养。通过师生双方的共同努力，智慧教学环境将成

为学生实现个性化学习、提升综合素质的重要舞台。

（二）提高教师信息素养能力

在一些地区，智慧教室的建设尚处于初步探索阶段，而教师在信息技术领域的能力与素养，已成为制约智慧教学深入实施的关键因素。为了推动智慧教学的有效落地，当务之急是着力提升教师的信息技术素养，并塑造其信息化教学的思维方式。这一目标的实现，离不开对教师培训体系的全面加强，因而，需要为教师提供一系列实用性强、针对性明确的信息技术应用课程，帮助他们掌握必要的技术工具与平台操作方法。同时，还应鼓励教师积极投身于集体研究与教学研讨之中，通过团队协作的方式，共同探讨智慧教学的实施策略与路径。此外，为教师搭建广阔的成长与发展平台同样至关重要，这不仅能够激发他们的内在潜能，还能够促进他们在信息技术与教学融合领域的持续进步。综上所述，加强教师培训、提供实用课程、鼓励集体研究以及搭建成长平台，是提升教师信息技术素养、推动智慧教学深入实施的重要举措。通过这些综合措施的实施，有望打破当前智慧教室建设中的瓶颈，为教育的信息化转型注入新的活力。

（三）有效利用信息技术实施智慧教学

智慧教学的实践并非仅仅局限于将人工智能辅助系统机械地融入课堂教学之中，其核心在于如何有效利用信息技术的优势，进而实现教学效果的显著提升。在这一过程中，应当将关注的焦点始终对准学生本身，切勿因过分依赖智能设备而忽略了教师在教学过程中的不可替代性及其所肩负的重要职责。在运用信息技术产品时，应高度重视其互动性，通过精心设计的小组合作探究、形式多样的互动环节等策略，充分激发学生的内在学习兴趣，提高他们的课堂参与度。同时，还应当充分利用大数据技术的独特优势，实施即时性的当堂测评，以便能够迅速且准确地反馈学生的学习表现，使他们在第一时间感受到成功的喜悦，从而进一步激发他们的学习动力。智慧教学的实施需要在信息技术的有效运用、学生主体地位的凸显以及教师教学职责的坚守等多个方面作出综合考量与努力，以期实现教学效果的最大化。

第四章　人工智能技术在医疗中的应用

第一节　人工智能医疗概述

一、人工智能医疗的定义

在当代医疗健康领域的发展中，人工智能技术在医疗领域的运用正成为一股驱动医疗创新的先锋力量。该技术通过将尖端的计算机科学原理与数据分析手段深度融合至临床实践之中，旨在优化疾病的预防策略、诊断流程及治疗方案。这一医疗模式的核心在于人工智能技术的运用，它力求为病患群体提供更为定制化、精确化的医疗服务体验。在人工智能技术的赋能下，医学界正经历着一场史无前例的转型与革新。作为一项具有划时代意义的科技突破，人工智能医疗为医学探索开辟了全新的可能性。凭借个性化、高精度的治疗手段，人工智能技术有效辅助医疗工作者更精准地响应患者的健康诉求，持续推动医学实践的进步与发展。这一创新性的医疗范式预示着为全球病患带来更高质量、更智能化的医疗照护服务的广阔前景。

二、人工智能医疗的类型划分

（一）弱人工智能医疗

在当前医疗行业的快速发展中，弱人工智能医疗技术作为一种重要的辅助工具，旨在借助计算机科学与数据处理技术，为医疗专业人士在决策过程中提供有力支持。此类人工智能并非意图取代医疗专家的专业判断，而是通过深度挖掘并分析海量的医疗数据，为医生在疾病的诊断与治疗方案制定上提供额外的、有价值的信息，从而助力其作出更为精确的判断。

弱人工智能医疗的一个重要应用领域是基于图像识别的辅助诊断系统。该系统通过对医学影像的细致分析，为医生提供了更为详尽、准确的诊断依据。在提升医疗服务品质与医疗水平方面，弱人工智能医疗技术展现出了其独特的优势。通过科学合理地运用计算机技术，它为医疗工作者带来了更加全面、精确的信息支持，极大地提升了医生的诊断能力与治疗效率。展望未来，弱人工智能医疗技术有望在医疗实践中扮演更加关键的角色，为推动医疗行业的持续进步与发展贡献力量。

（二）强人工智能医疗

在当今时代的科技浪潮中，强人工智能医疗作为医学研究与临床实践的前沿阵地，正吸引着全球范围内的广泛关注与深入探讨。强人工智能医疗不仅代表着一种革新性的技术手段，更象征着一种颠覆性的医疗思维模式的诞生。其核心精髓在于，借助深度学习、模式识别等一系列尖端科技，使计算机系统得以拥有超越传统范畴的医学诊断与治疗能力，进而为患者量身定制更为高效、精准的医疗服务方案。强人工智能医疗的一个显著特征，在于其高度依赖数据驱动的模式。通过广泛搜集并充分利用海量的医学数据资源对计算机系统进行深度的模型训练，使之能够深入洞察并准确理解患者的疾病状况、生理特征以及过往的医学记录。这一数据驱动的特性，极大地提升了医疗系统对患者健康状况的全面评估能力，从而确保医学决策的精确无误与及时有效。强人工智能医疗的兴起，无疑为医学领域的未来发展开辟了新的道路，为提升医疗服务质量、保障患者健康福祉提供了强有力的技术支持。

三、人工智能技术在医疗领域的应用

（一）人工智能诊断

在医疗科技的迅猛进步中，医学诊断领域正经历着前所未有的变革，其中人工智能技术的融入尤为引人注目，对整个医疗体系带来了革命性的转变。人工智能以其卓越的诊断能力，显著提升了疾病的早期识别率，为患者的治疗赢得了宝贵的时间窗口。相较于传统的、主要依赖于医生的临床经验和病历的细致分析的诊断手段，人工智能则凭借对浩瀚医疗数据的深度挖掘与学习，能够敏锐捕捉到疾病的微妙迹象，使众多疾病能够在萌芽状态就被有效识别并干预，从而大幅提高了治疗成功率。人工智能在医学诊断领域的广泛应用，不仅显著增强了诊断的精确度，还有效缩短了诊断周期。通过对庞大的医疗影像资料库、实验室检测结果等数据的智能化解析，人工智能系统能够在极短时间内提供精确的诊断报告。这一转变不仅意味着患者能够更快地获得针对性的治疗方案，从而加速康复进程，同时也极大地缓解了医疗资源的紧张状况，提升了医疗服务的整体效率。

人工智能在医疗领域的深入应用，特别是在医学诊断层面的运用，为患者带来了前所未有的早期、精确且个性化的医疗服务，有力地推动了医疗体系的转型升级与持续优化。展望未来，随着技术的持续迭代与突破，人工智能在医学领域的贡献将更加显著，为人类的健康福祉开辟更加广阔的天地，书写出医疗科技发展的新篇章。

（二）人工智能药物研发

在医学研究的浩瀚领域中，人工智能正以一种前所未有的姿态展现着其巨大的应用潜力，尤其是在药物研发的广阔舞台上。人工智能驱动的药物研发，作为当代科技前沿的一项重大突破，凭借深度学习的强大力量与数据分析的精准洞察，极大地加速了新型药物从发现到开发的整个流程。这一创新方法的独特魅力，在于其能够以前所未有的精确度模拟并预测分子间的相互作用，为科研人员提供了更加明确且有针对性的研究方向，从而不断拓展医学创新的边界，引领着医疗科技的崭新未来。在人工智能药物研发的深层核心，是其卓越的分子结构与相互作用预测能力。借助先进的模型训练技术和算法优化策略，人工智能系统能够精准地模拟潜在药物分子与疾病关键蛋白质之间的结合模式，揭示它们之间复杂而微妙的相互作用机制。这一能力的实现，不仅为药物的筛选与设计提供了强有力的技术支持，更为新药的研发开辟了一条高效且精准的新路径，极大地提升了药物研发的成功率与效率，为人类的健康事业注入了新的活力与希望。

在药物研发的广阔天地中，人工智能技术的引入为医学领域掀起了一场颠覆性的变革。其卓越的分子模拟与预测能力、高度自动化的药物设计流程以及显著加速临床试验进程的优势，为科研工作者提供了一系列更为灵活多变且效率出众的研究工具，极大地促进了医学研究向更高层次迈进的步伐。这一前沿技术的崛起，预示着药物研发边界的不断拓宽，为全球范围内的患者群体带来了更加多样化、更具创新性和个性化的治疗选项。人工智能通过深度挖掘分子间的相互作用规律，实现了对药物分子结构与活性的精准预测，为药物设计提供了坚实的理论基础。同时，借助智能化的药物设计平台，科研人员能够以前所未有的速度和高度自动化的方式，探索并优化潜在的药物候选物，显著缩短了药物从实验室到临床应用的周期。此外，人工智能在临床试验阶段的应用，也极大地提升了试验的效率和准确性，为患者早日获得有效治疗提供了有力保障。综上所述，人工智能在药物研发领域的深入应用，不仅推动了医学研究的快速发展，更为全球患者带来了前所未有的治疗希望，标志着药物研发新时代的到来。

（三）人工智能精准医疗

在医疗卫生事业的探索与发展中，人工智能技术的融入为精准医疗的推进带来了深刻且显著的变革。该技术通过深度整合并分析海量的患者临床数据与生物信息资料，能够精准捕捉并识别出患者间存在的个体差异，进而为临床医师提供更加精确且个性化的诊断依据与治疗建议。这一精准医疗的实践模式，使医疗决策的制定更加有的放矢，能够更为贴切地满足患者的个性化需求，从而显著提升治疗的有效性与成功率。在精准医疗的广阔舞台上，人工智能技术发挥着举足轻重的角色。借助先进的深度学习算法，该技术能够深入剖析患者的基因组、蛋白质组等复杂生物数据，从中挖掘出疾病的潜在风险因素与生物标志物，为疾病的早期预警、精准分型以及个性化治疗方案的制定提供了强有力的科学支撑。这一创新性的应用，不仅深化了人们对疾病本质的认识，更为精准医疗的深入发展开辟了全新的路径，为人类健康事业的进步贡献了新的力量。

在治疗策略规划的复杂过程中，人工智能技术展现出了其独特的优势与价值。该技术能够深度整合并分析病患的详尽病史、具体症状以及过往治疗所反馈的多元数据，从而为临床医师提供高度个体化的治疗建议，确保所制定的治疗方案能够精准贴合患者的独特病情与实际需求。这种量身定制的治疗方案，不仅显著提升了治疗的整体效果，还有效减轻了患者可能遭遇的不适感并降低了副作用风险，为患者的康复之路铺设了更为坚实的基石。

在医疗科技的广阔天地中，人工智能的应用无疑为精准医疗的蓬勃发展注入了新的活力。通过实现个体化的疾病诊断、详尽的风险评估以及精准的治疗方案设计，人工智能技术为患者带来了更加周全、精确的医疗服务体验。随着相关技术的持续革新与进步，人工智能有望在不久的将来进一步拓宽精准医疗的应用范畴，探索更多未知的医疗领域，为患者带来更为广泛且深远的健康福祉，开启医疗科技新纪元的大门。

（四）人工智能健康管理

在医疗卫生服务的广阔范畴内，人工智能健康管理作为一种新兴且极具发展前景的模式，正逐步展现其独特魅力与深远潜力。在这一创新模式中，人工智能扮演了举足轻重的角色，通过不间断地追踪与监测个体的生理参数及健康数据，实现了对健康状况的深度、全面评估。这一全面而细致的监测手段，不仅极大地丰富了医生对患者健康状况的认知维度，使其能够基于更为详尽的信息作出判断，同时也促使个体在日常生活中更加主动地关注并管理自身的健康状态，提升了健康管理的自主性与有效性。在人工智能健康管理的宏观框架下，智能诊疗作为一项重要的技术创新，正逐步成为推动医疗进步的关键力量。该技术通过深度整合并分析个体的健康数据，巧妙运用数据挖掘与模型预测等先进技术，实现了对疾病的早期预警与精准诊断。智能诊疗的推广与应用，不仅显著提升了医疗服务的效率与质量，有效降低了诊疗过程中的成本负担，还能够在疾病的萌芽阶段即发现问题，为患者提供更加及时、有效的医疗干预措施，从而极大地改善了治疗效果，为患者的健康福祉提供了更为坚实的保障。

（五）人工智能影像识别

在医疗科技的持续演进中，人工智能影像识别技术已然崛起为一项备受瞩目的创新手段，为临床医生的诊断工作提供了更为详尽且全面的辅助支持。尤其是在癌症的筛查与早期诊断领域，人工智能影像识别技术展现出了非凡的潜力与广阔的应用前景。该技术通过深度学习与大量医学影像数据的反复训练，能够协助医生精准捕捉到那些微小而难以察觉的肿瘤或异常病变，从而显著提升癌症的早期诊断准确率。这一能力的实现，对于癌症的早期发现与及时治疗具有重要的意义，能够为患者争取到更大的生存机会，提高其生存率。此外，人工智能影像识别技术在手术规划与导航方面也展现出了显著的优势与潜力。借助先进的算法与图像处理技术，该技术能够为手术团队提供精确到毫米级的病灶定位与三维重建，助力医生在手术前进行更为详尽的规划与模拟，有效降低了手术风险，提高了手术的精准度与安全性。这一创新应用无疑为医疗领域带来了革命性的变革，为患者的手术治疗提供了更为可靠与高效的保障。

四、人工智能技术对医疗领域的影响

在医疗科技的浩瀚领域中，人工智能技术的深远影响正逐步显现，为医疗行业的发展注入了新的活力。通过智能化的手段对海量的医学数据进行深度剖析与精准解读，人工智能技术显著提升了诊断的准确性，为患者量身打造了更为精确且个性化的治疗方案。这一创新性的应用，不仅极大地助力了医生在临床决策过程中的判断与选择，使其能够迅速且准确地把握复杂信息，从而显著提高了工作效率，同时也为医学研究的深入探索开辟了全新的路径。在医学研究的广阔舞台上，人工智能正发挥着举足轻重的作用。通过其强大的数据处理与分析能力，人工智能技术加速了新药研发的进程，为疾病的预防与治疗提供了更为丰富的选项。这一系列由人工智能技术引领的变革，无疑将推动医疗领域向更加智能化、高效化的方向发展，为患者带来更为迅速且精准的医疗服务，造福全球范围内的广大患者群体，开启医疗科技的新纪元。

（一）推动就医流程智能化

对复杂烦琐的就医流程的优化，是人工智能技术在医疗领域所展现出的一个重要亮点与显著贡献。在这一创新实践中，导诊机器人通过与患者之间的有效沟通，能够基于患者的初步描述预判病情，进而为患者提供迅速且准确的挂号与导诊服务，极大地提升了就医过程的便捷性与效率。这一技术应用不仅简化了传统就医流程中的烦琐环节，还使患者在就医体验上获得了显著的改善。与此同时，语音识别技术在医疗领域的应用也为医生的工作带来了极大的便利。该技术通过精准识别医生的语音指令，实现了病历信息的快速录入，极大地减轻了医生在病历书写方面的工作负担，从而使其能够更专注于患者的诊疗过程，进一步提高了门诊工作的效率与质量。远程医疗服务的兴起更是人工智能技术在医疗领域中的一大突破。借助智能互动平台，远程医疗服务实现了患者与医生之间的无缝连接，有效减少了患者排队挂号的时间成本，同时也为患者提供了更为个性化、便捷的医疗服务体验。这一创新模式不仅拓宽了医疗服务的覆盖范围，还在提升医疗服务效率与质量方面展现出了巨大的潜力与价值。

（二）推动医学诊疗智能化

在医学诊疗领域，人工智能技术的引入为医生提供了更为科学且值得信赖的诊断依据，极大地提升了诊断的精确性与可靠性。通过电子病历系统、语音识别技术以及自然语言处理技术的综合运用，患者的各项信息得以被全面、准确地记录，进而构建起了完整的电子化病情档案。这一创新性的应用，不仅简化了传统病历记录流程，还确保了患者信息的完整性与可追溯性。在此基础上，智能化的诊疗知识图谱通过先进的逻辑思维与关系推理技术，建立了精确且详尽的疾病与症状之间的关系结构。这一图谱的构建，为医生在诊断过程中提供了强有力的支持，使其能够基于丰富的信息与精准的推理，作出更为准确且全面的诊断决策。值得一提的是，在人机竞赛的舞台上，人工智能在影像诊断方面的表现尤为亮眼。相较于临床专家，人工智能系统在诊断速度与正确率上都展现出了显著的优势，这一成就不仅彰显了人工智能技术的强大潜力，更为医学诊断向智能化、精准化方向的发展提供了有力的推动。未来，随着人工智能技术的不断成熟与应用的持续深化，医学诊断领域必将迎来更加广阔的发展前景。

（三）促成药物研发智能化

在药物研发的智能化进程中，机器学习算法的应用极大地加速了数据分析的步伐，从而显著提升了临床筛选的效率与准确性。这一创新手段不仅通过智能分析大幅缩减了实验试错所需的时间与精力，使药物研究过程更为直接高效，而且有效降低了研发成本，显著缩短了从实验室到临床应用的周期。在智能化药物研发的框架下，数据分析与智能化平台成为了科研人员的重要助力。这些平台通过高度自动化的流程与智能化的分析工具，极大地减轻了科研人员的负担，使其能够专注于更具创新性的研究任务。这一变革不仅提高了药物研发的迭代效率，使新药从概念到市场的路径更为顺畅，而且为医药企业带来了前所未有的创新突破，推动了整个行业的快速发展。智能化药物研发通过整合机器学习算法与数据分析技术，实现了药物研发流程的深刻变革。这一创新模式不仅提升了研发效率与质量，降低了成本，而且为医药企业的创新发展注入了新的活力，预示着一个更加智能、高效的药物研发时代的到来。

（四）实现个性化医疗服务

个性化医疗服务的兴起，标志着医疗服务领域正迈向一个全新的发展阶段。这一趋势的核心在于，借助个人基因组信息及其他内环境数据的综合分析，人工智能得以设计出针对个体特点的最佳治疗方案。在药品研发的广阔天地中，个性化医疗同样发挥着举足轻重的作用。通过分析患者的个体差异，研究人员能够精准选择最适合患者的药物，从而为患者量身定制个性化治疗方案。进一步地，通过深入剖析患者的健康档案，医生能够建立起详尽的个性化病历，这一病历不仅记录了患者的病史与当前健康状况，还融入了对其未来健康状况的预测与风险评估。基于这一病历，医生能够制定出更为准确且个性化的诊疗方案，确保治疗过程既符合患者的实际需求，又能够最大限度地提升治疗效果。个性化医疗服务的推广与应用，不仅有望显著提升治疗效果，使患者能够更好地恢复健康，而且能够在一定程度上降低医疗成本，减轻患者及其家庭的经济负担。这一创新性的服务模式，不仅体现了医疗科技的人性化关怀，还为医疗行业的可持续发展注入了新的活力。

（五）打破医疗资源不平衡

人工智能技术在医疗领域的应用，为社区医疗机构提供了强有力的支持，有效缓解了医疗资源紧张及高水平医生匮乏的难题。这一创新性的应用，不仅提升了社区医疗的服务能力，还使医疗资源得以更加均衡地分配。在医疗资源相对匮乏的地区，远程医疗技术凭借其强大的计算机技术支撑，为当地居民提供了高质量的医疗服务。这一技术跨越了地域限制，实现了医疗资源的有效共享，显著改善了偏远及医疗资源薄弱地区的医疗状况。在全球医疗资源共享的浪潮中，在线会诊作为人工智能医疗应用的代表性范例，展现了其独特的价值与潜力。通过在线平台，医学专家能够跨越国界与地域的限制，实现实时的协同合作与知识共享。这一模式不仅提高了医学专家之间的合作效率，还促进了全球医疗技术的交流与进步，为构建更加公平、高效的全球医疗体系奠定了坚实的基础。

（六）助力健康管理完善

随着基因数据分析与健康数据关联分析软件的日益成熟，个人健康管理的精准度得到了显著提升。展望未来，个人健康助理这一创新应用将深度融合于穿戴设备、远程手术及双向音视频远程通信等前沿科技之中，为用户提供更加个性化、专业化的健康管理服务，进一步丰富与拓展健康管理的内涵与外延。在智能系统模块的构建中，遗传基础健康模块作为核心组成部分，承载着重要的使命与期望。该模块通过深入挖掘个体基因信息与健康数据的内在联系，有望为人类带来前所未有的健康福祉，不仅能够帮助人类延长寿命，还能在提升整体健康水平方面发挥积极作用，从而推动健康管理向更加全面、完善的方向发展。这一创新性的应用，无疑将为人类社会的健康事业注入新的活力与动力。

第二节 人工智能技术在医疗信息服务中的应用

一、人工智能技术在综合医院系统信息服务中的应用

在综合医院的信息服务体系内，人工智能技术的融入为医疗服务带来了前所未有的高效与精准支持。借助先进的数据分析手段，人工智能系统能够迅速且准确地处理海量的医疗数据，为医生与护士提供即时且可靠的决策依据，助力他们在病患的诊断与治疗过程中

作出更为明智的选择。人工智能系统在医院的运营管理中同样扮演着举足轻重的角色。通过智能化的排班安排与资源优化配置，医院能够实现对各类资源的精细管理，从而显著提升医疗服务的运作效率与质量水平。人工智能系统还具备强大的数据分析能力与预测功能，能够为医院管理者提供全面且深入的数据洞察，助力他们更为精准地规划医院的长远发展与资源配置策略。值得一提的是，人工智能技术还在改善医患沟通与信息流通方面展现出了巨大的潜力。通过智能化的信息交流平台，患者与医护人员之间的信息传递变得更为顺畅与高效，这不仅增强了医患之间的信任与合作，还为医疗服务的持续优化提供了有力的支撑。

（一）医院管理信息服务

在综合医院系统信息服务的广阔领域中，人工智能技术的引入对医院管理信息服务的优化与升级产生了深远的影响，其积极效果尤为显著。具体而言，人工智能技术在医患互动及医疗服务流程中占据了举足轻重的地位，通过一系列创新应用，如智能问诊系统等，医院为患者提供了前所未有的便捷就医体验，极大地增强了患者对医院的信赖感与满意度，为构建和谐医患关系奠定了坚实的基础。进一步地，人工智能技术在信息服务领域的广泛应用，为医院管理信息服务注入了全新的活力与动力，有力地推动了医院的全面发展与进步。这一变革的作用主要体现在以下两大方面。

1. 优化医疗资源配置

在医疗信息系统的革新进程中，人工智能技术的运用基于大数据的精密协调与优化配置策略，为医疗资源的合理分配问题提供了一个极具创新性的解决方案。通过对电子病历、既往病史以及其他相关医疗信息的深度综合分析，人工智能能够迅速且准确地评估患者的紧急状况，并精准确定所需的救治措施，从而实现了对医疗资源的智能化、高效化调配。人工智能技术在医疗信息系统中的深度应用，为整个医疗服务体系带来了显著的创新与提升。具体而言，通过充分利用大数据资源与先进的智能算法，人工智能不仅显著提高了医疗资源的分配效率，使医疗资源的利用更加合理与高效，而且还极大地优化了患者的治疗体验，使其在接受医疗服务的过程中感受到了前所未有的便捷与舒适。这一变革有力地推动了医疗服务的现代化与智能化发展，为构建更加高效、优质的医疗服务体系奠定了坚实的基础。表 4-1 详细展示了优化医疗资源配置的传统方式与人工智能方式之间的对比。通过这一对比，可以更加直观地了解到人工智能技术在医疗资源分配领域所带来的革命性变化。

表 4-1　优化医疗资源配置的传统方式与人工智能方式比较

	传统方式	人工智能方式
人力成本	高，需要管理者有非常强的综合能力，才能制订出高效的工作方案	低，医护人员能将工作重心投入医疗服务中
医疗资源利用效率	低，不能有效地将医疗资源用到最需要的患者身上	高，能分析出哪些患者急需救治，优化医疗服务的前后顺序
病人就诊体验	较差，医患矛盾频发	较好，优化医院的资源配置，让患者的就医诉求得到满足

2. 弥补医院管理漏洞

人工智能系统在搜集并分析过往患者对医院评价信息的效能上，展现出了在提升医疗服务质量和患者满意度方面的显著优势。该系统通过多元化的渠道广泛收集患者评价，涵盖了点评网站、社交平台、医院内部反馈表以及新闻媒体等多个方面，从而确保了评价信息的全面性和多样性。在数据处理环节，人工智能系统运用了先进的自然语言处理技术，对收集到的非结构化数据进行深度解析，以揭示评价信息背后所蕴含的真实意图与情感倾向。传统的调查方式往往受限于单一的形式和有限的反馈数量，人工智能系统则通过多渠道的搜集方式，有效规避了形式化和主观因素的干扰，确保了评价信息的客观性和公正性。这一变革不仅拓宽了信息收集的广度，还提升了信息分析的深度，使医院能够更为准确地把握患者的真实需求和期望。

与传统的数据信息收集和处理模式相比，人工智能系统展现出了更为广泛的辐射范围和更强的信息处理能力。它不仅能够全面且迅速地收集患者反馈信息，还能够在显著降低信息分析时间成本的同时，有效规避人为主观因素的干扰，从而提升结论的客观性和科学性。这一优势使人工智能系统在医院服务质量改进方面发挥了举足轻重的作用，为提升患者满意度和医疗服务水平提供了坚实的支持和帮助。表 4-2 详细对比了传统调查方式与人工智能系统在收集和处理患者评价信息方面的差异。通过这一对比，可以更加直观地认识到人工智能系统在提升医疗服务质量和患者满意度方面所展现出的显著优势。

表 4-2　弥补医院管理漏洞的传统方式和人工智能方式比较

	传统方式	人工智能方式
调查范围	窄，大部分医院仅依靠自有渠道收集患者的反馈意见	宽，多渠道收集患者的反馈信息
耗用时间	较长，由人工读取患者的评价并进行总结	短，从信息收集、分析到总结，全部由系统处理
最终效果	调查结果关系到医院各方利益，调查往往流于形式	完全由系统进行客观的信息收集和分析，调查结果可信度高

医院信息管理系统是以患者为核心，紧密围绕诊疗业务流程而构建的综合管理体系。

该系统深度整合了门诊业务、住院业务以及基本公共卫生服务三大核心模块，并以经济结算作为运作的基石，致力于实现医院人员、财务、物资等关键资源的自动化与电子化管理。这一系统不仅满足了医院各部门间复杂的业务信息处理需求，还促进了信息的高效共享，为医院打造了一个协同、高效的办公环境。作为现代化医院运营的不可或缺的技术支撑与基础设施，医院信息管理系统通过引入更为现代化、科学化、规范化的管理手段，显著增强了医院的管理效能。它不仅大幅提升了医院的工作效率，还持续改进了医疗服务的品质，为医院树立了更加专业、高效的全新形象。这一变革不仅是医院管理现代化的重要标志，也是未来医院发展的必然趋势。为了更直观地展示医院信息管理系统的运作流程，我们特别绘制了主要流程图，具体如图 4–1 至图 4–3 所示。这些流程图清晰地描绘了系统各模块间的交互关系以及信息在系统中的流动路径，为深入理解与应用该系统提供了有力的支持。

患者
健康档案
终身化管理
提高服务质量
宏观管理
把握发展
规范业务
提高效率
医院管理者
医疗工作者

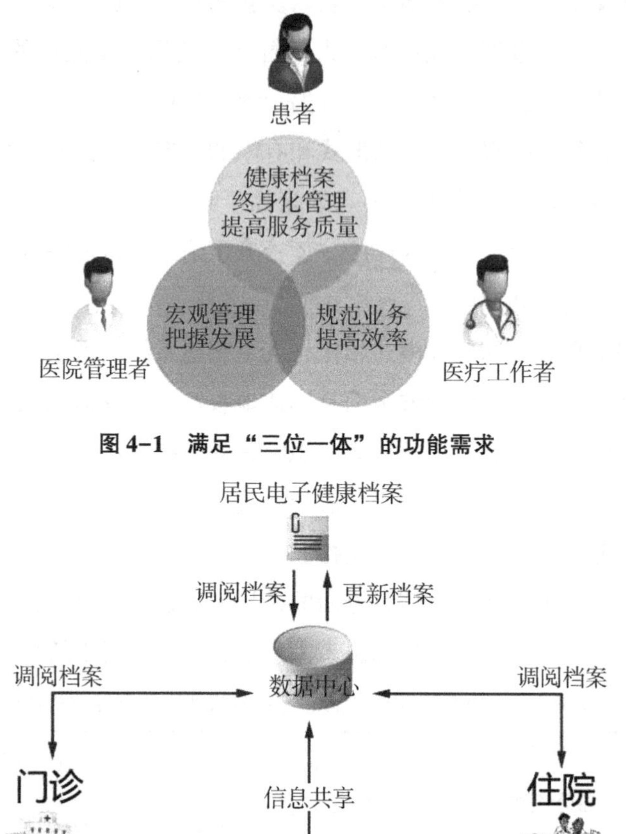

图 4–1　满足“三位一体”的功能需求

居民电子健康档案
调阅档案
更新档案
调阅档案
数据中心
调阅档案
门诊
信息共享
住院
医疗服务/健康服务/公共卫生服务
病案管理/医嘱管理/床位管理
患者

图 4–2　以居民电子健康档案为核心的互联互通

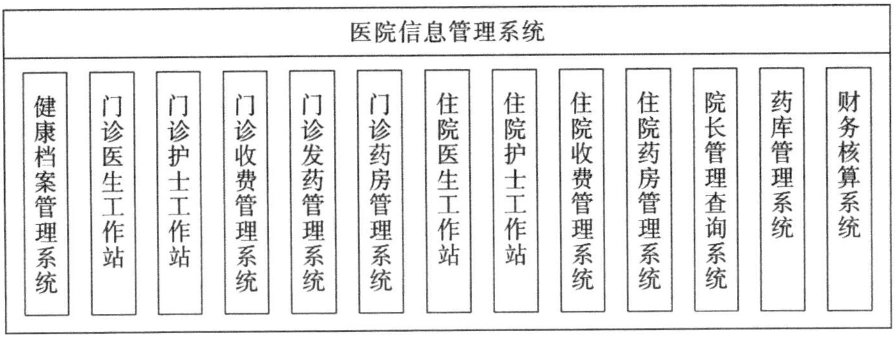

医院信息管理系统

健康档案管理系统 | 门诊医生工作站 | 门诊护士工作站 | 门诊收费管理系统 | 门诊发药管理系统 | 门诊药房管理系统 | 住院医生工作站 | 住院护士工作站 | 住院收费管理系统 | 住院药房管理系统 | 院长管理查询系统 | 药库管理系统 | 财务核算系统

图 4-3 医院信息管理系统分类

医院管理信息系统的功能广泛且深入，主要体现在以下几个方面。

一是住院管理系统具备全面的病人管理流程，涵盖从入院登记到出院结算的各个环节。该系统能够处理病人的入出院登记、出院后的召回操作、医保刷卡支付、代记账业务、预收费用管理、费用审核、中途结算等事务。此外，它还支持按日、周、月、年进行费用结账核算，并能统计各科室的工作量。系统还具备根据预设规则为特定对象减免费用的功能，同时支持打印各类报表和费用清单。

二是医生工作站作为医院管理信息系统的核心部分，能够高效处理医生的日常诊疗工作。医生可以通过该工作站查看自己的病人的日常检查结果、开具电子处方、编写电子病历、申请各项检查，并能自动将诊疗信息和费用信息传送给相关部门和机构。此外，医生工作站还提供出院、转科、转诊等功能，并能将诊疗活动信息记录到个人健康档案中。系统还提供服务提示、综合查询和统计报表功能，为医生提供了极大的便利。

三是护士工作站专注于日常的护理业务。护士可以通过该工作站查询医嘱和病人信息，并实现了护理记录单、体温单、医嘱单的国标化处理，提高了护理工作的规范性和效率。

四是医技工作站主要用于处理如 B 超、X 射线、心电图等医技科室的检查报告撰写和项目费用记账等工作。该系统为医技科室提供了便捷的检查报告撰写工具和费用记账功能，提高了医技科室的工作效率。

五是住院药房管理系统负责处理住院处方单的划价、发药、退药等事务，并能打印电子处方和病区领药单。该系统实现了住院药房的自动化管理，提高了药品发放的准确性和效率。

六是病案管理系统支持模板化的电子病历书写及病案首页的国标化处理。系统还实现了打印功能的权限管理，确保了病案信息的保密性和安全性。

七是财务核算系统负责医院的日常财务核算工作，包括票证领取、票金复核、日清月结、业务审批、绩效核算等功能。该系统为医院的财务管理提供了全面的支持。

八是院长查询系统主要用于掌握医院实时的经营情况和各业务科室的业绩情况。系统提供了图形化对比界面（如饼形图、条形图等），使院长能够直观地了解医院的运营状况，为医院的决策提供有力的支持。

（二）医学影像信息服务

医学影像信息服务作为人工智能在医学影像分析领域的一项前沿应用，其核心价值在于为医护工作者提供更为详尽且深入的影像信息支持，进而推动医疗诊断的精确性与效率实现双重提升。该服务深度融合了图像识别与深度学习两大核心关键技术，共同构筑起其强大的分析能力。图像识别技术通过运用先进的算法模型，对医学影像进行智能化的解析与解读，使计算机系统能够精准地识别并理解图像中所蕴含的各类复杂结构与特征。这一过程不仅极大地减轻了医护人员的视觉负担，还为他们提供了更为丰富且准确的诊断依据。而深度学习技术则进一步强化了医学影像信息服务的智能分析能力。通过构建深度神经网络，该技术能够从海量的医学影像数据中挖掘出潜在的规律与特征，为医学影像的精准分析提供更为坚实的支撑。深度学习技术作为人工智能在医学影像领域的核心驱动力，其引入极大地增强了医学影像信息服务对于各类病例及临床场景的适应能力，为医生提供了更为精确且个性化的诊断辅助信息。图像识别与深度学习技术的协同运用，使医学影像信息服务能够向医生呈现更为详尽且全面的图像信息，助力医生更迅速地锁定病变区域，并精准捕捉到与病因紧密相关的关键线索。

人工智能在医学影像信息服务领域的深入应用，为整个医疗行业带来了颠覆性的变革。它不仅显著提升了医生应对复杂临床挑战的能力，还为医疗诊断的精确性与效率树立了新的标杆。通过这一技术，医生能够以前所未有的视角审视医学影像，从而更准确地把握疾病的本质，为患者提供更加精准有效的治疗方案。为了更直观地展现人工智能医学影像技术的原理，在此特别绘制了技术原理图，具体如图 4-4 所示。该图详细描绘了深度学习技术在医学影像分析中的应用路径以及图像识别与深度学习技术如何协同工作，共同为医疗诊断提供强有力的支持。

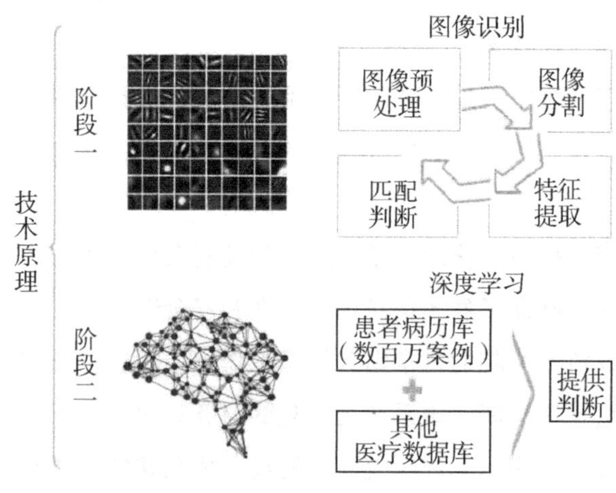

图 4-4　人工智能医学影像技术原理

人工智能技术在影像领域的广泛运用，深刻影响了图像分类、器官标记、组织结构分割、病变划分以及图像配准等多个信息处理环节。具体而言，人工智能的图像处理能力可被细致划分为四大类：影像分类、目标检测、图像分割及影像检索。这些能力各自对应于影像处理中的差异化功能需求，共同为医学影像领域提供了多维度、全方位的技术支持。具体如图 4–5 所示。

其中，影像分类技术致力于将图像精准地归入不同的类别范畴，这一能力对于医学影像中不同组织或病变的自动识别与分类至关重要，极大地提升了诊断的自动化水平。而目标检测技术则能够精准地定位并标记图像中的特定目标，如器官或病灶，这一功能为医生迅速捕捉关键信息提供了极大便利，有助于他们更高效地作出诊断决策。图像分割技术则涉及将图像细致划分为多个不同的区域，这一步骤对于精准定位和分析医学影像中的结构与异常具有决定性意义，为医生提供了更为精确的诊断依据。影像检索技术能够从庞大的医学影像数据库中迅速检索出与当前患者病情相似的相关图像，这一功能不仅加速了医生获取先例信息的速度，还为他们提供了更为丰富的诊断参考，有助于提升诊断的准确性和效率。

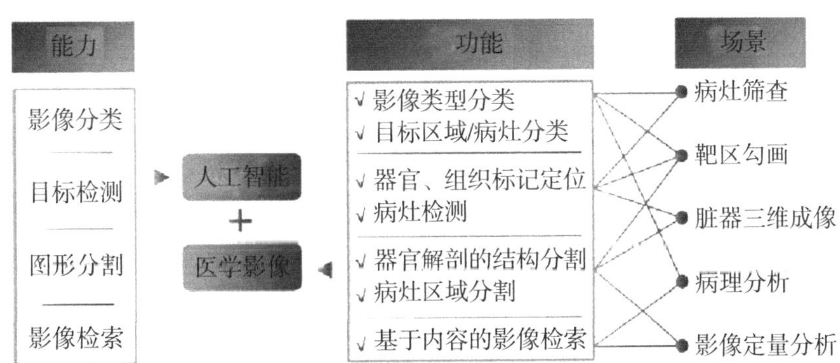

图 4–5 人工智能参与医学影像诊断的方式

人工智能在医学影像领域的应用彰显出了诸多显著优势，尤为突出的是其在信息即时传递与定量评估分析两大方面的卓越表现。通过先进的人工智能技术，医学影像信息能够迅速且高效地传达给相关的医护人员，极大地提升了信息传递的时效性。在当前高度发达的信息技术背景下，医学成像技术不仅便捷性极高，成像分辨率也达到了前所未有的水平。面对海量的医学影像数据，医生往往需要仔细浏览每一幅影像，以确保获取到尽可能全面的诊断信息。而人工智能技术的引入，为医生提供了一套强大的定量分析工具。尽管医生在定性分析方面通常具备较高的专业素养，但在面对复杂多变的病变信息时，他们仍然需要借助一些辅助手段来确保评估的准确性。在医学影像这一专业领域，经常需要进行多种模态的分析以及历史图像信息的对比等复杂工作。人工智能凭借其强大的图像处理能力，能够高效地进行图像信息的定量评估，为医生提供精确的数字化数据支持。这些定量评估数据为医生提供了更为全面且客观的参考依据，使他们在作出临床决策时能够更加科学、精准。人工智能在医学影像领域的这种优势不仅体现在信息的即时传递上，还在于其提供的定量评估工具极大地推动了医疗技术的进步和诊断水平的提升。通过这一技术的广泛应用，医生能够更准确地判断病变情况，为患者制定更为合理的治疗方案，从而进一步提升医疗服务的整体质量和效率。

相较于传统的分析模式，人工智能在图像信息处理方面展现出了其独特的大批量快速分析能力。这种能力使得人工智能能够在短时间内处理并解析大量的图像数据，从而极大地提高了分析效率。为了更直观地展示传统方式与人工智能在阅片方面的对比，在此特别制作了表4-3，其中详细列出了两者在多个关键指标上的具体表现。通过这张表格，读者可以清晰地看到人工智能在图像信息处理方面的显著优势，以及它是如何超越传统模式，为医学影像分析领域带来革命性的变革的。

表4-3　传统方式和人工智能方式阅片对比

	传统方式	人工智能方式
阅片方式	医生主张查看，凭借经验进行判断	机器完成初步筛选、判断，交由医生完成最后判断
阅片时间	长，医生查看一套影像需要10分钟以上，且需要反复观看确认	短，人工智能能够快速完成初筛，交由医生进行判断，能够大幅缩短医生阅片时间
准确率	较低，个体差异较大，医生阅片依靠个人经验，且长时间阅片会产生疲劳，导致准确率下降	较高，机器可以完整地观察整张切片而无遗漏，且机器不会疲劳，其诊断结果能保持完全的客观

（三）辅助诊断信息服务

人工智能驱动的诊断信息服务的精髓，在于巧妙地融合语音电子病历系统、智能导诊机器人以及虚拟医疗助手等多元工具，从而为患者打造一个全方位、立体化的医疗信息服务生态。借助先进的语音交互技术，患者能够轻松、便捷地录入个人病史信息，极大地简化了传统病史记录流程。智能导诊机器人凭借其出色的智慧导航能力，能够精准地引导患者获取所需的医疗信息，有效提升了患者的就医效率。与此同时，虚拟医疗助手则以其即时响应的医学知识库和个性化建议，为患者提供即时且专业的医疗咨询服务。这种高度整合的智能服务模式，不仅显著优化了患者的就医体验，使其能够更加便捷地获取所需的医疗信息，同时也为医生提供了更加详尽、及时的病历资料。医生可以依托这些全面的病历信息，更加迅速、准确地作出诊断，从而有效提升了医疗流程的整体效率与质量。可以说，人工智能辅助诊断信息服务正在逐步重塑医疗服务的面貌，引领医疗行业迈向更加高效、便捷的未来。

1. 语音电子病历

语音电子病历作为一种依托于语音识别技术的患者信息电子化记录手段，实现了对患者病历信息的有效整合与长期保存。该技术不仅极大地方便了病历信息的数字化管理，还从更广阔的数字化信息视角，全面而清晰地揭示了患者在接受医疗服务过程中的具体状况与需求。在这一领域，人工智能的介入为语音电子病历的处理带来了诸多前所未有的优势。人工智能借助其强大的自然语言处理技术，能够对病历中的语言表述进行深度标准化与统一化处理。在这一过程中，系统能够自动解析并精准理解各种复杂的医学专业术语，从而确保所有病历信息在格式与内容上的高度一致性。这种一致性不仅提升了病历数据的质量与准确性，还为医生和医疗机构提供了更为可靠、更具参考价值的患者信息。在此基础上，医生可以更加高效地利用这些信息，为患者制定更加科学、合理的治疗方案，进而推动医疗服务质量的整体提升。

相较于医生通过手工方式录入电子病历信息，人工智能所具备的语音录入功能展现出了独特的优势，该功能能够精准地区分其他类型的语音系统。在这一语音录入机制中，最为关键的组成部分主要包括语音识别、语义解析以及智能纠错这三个环节。它们共同协作，确保了语音录入的高效与准确。电子病历信息的整个语音录入流程，如图 4-6 所示。

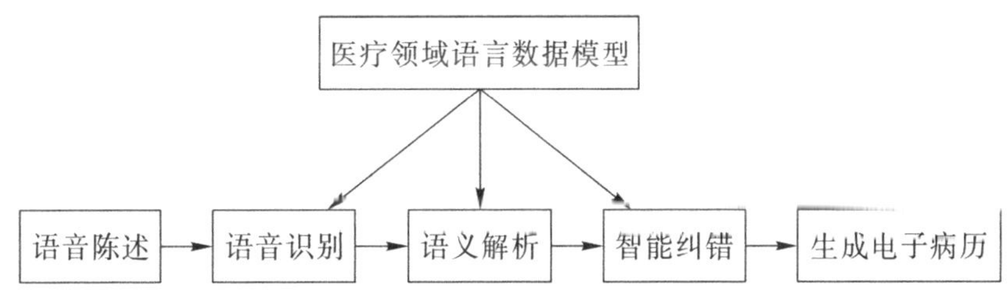

图 4-6　电子病历的语音录入流程

在医疗领域的智能语音录入全过程中，语言数据模型扮演着举足轻重的角色，该模型依托于精心定制的语音处理框架，针对各个临床科室的特定信息进行深入的梳理与细致研究。这一举措确保了系统能够全面且精准地捕获并总结各科室常见的病症描述、药品名称等关键信息。为了有效应对复杂多变的嘈杂环境挑战，同时进一步提升对医学领域专业术语的识别与分析能力，并增强对不同地域口音及语速变化的适应性，智能语音录入系统需经历一个持续且深入的自我学习过程。在此过程中，系统不断优化其识别算法，通过反复迭代与调整，逐步提升其识别准确率，以确保在各种实际应用场景中均能展现出卓越的性能。

借助先进的自然语言处理技术，语音电子病历系统能够直接将语音信息转化为结构化的文字内容。在此基础上，系统能够生成包含患者检查史、病史及各项身体指标信息的结构化电子病历。医生仅需对电子病历的内容进行轻微的调整与核实，即可轻松地将病历信息打印给患者，并同步完成病历信息的电子化存储。据不完全统计结果显示，在诸如口腔医学中心与儿科门诊等科室中，语音电子病历系统已成功助力完成了数以万计的电子病历记录工作。依托于人工智能技术的强大支撑，该系统成功打破了传统医院信息化服务在时间与空间上的束缚，实现了病历信息的即时录入与高效管理。这一创新不仅显著提升了医院信息服务的整体质量与效率，还为患者提供了更加便捷、高效的医疗服务体验。通过语音电子病历系统的广泛应用，医院得以更加高效地利用信息资源，为患者提供更加精准、个性化的医疗服务，从而进一步推动了医院信息化建设的深入发展。

2. 导诊机器人

作为一种集成了语音识别、面部识别及自然语言处理技术的智能化体系，导诊机器人通过与医院信息系统的深度融合，为患者提供了全方位、多层次的医疗信息咨询服务。这些服务涵盖了从就医引导、挂号预约、科室指引、身份验证到健康知识普及等多个维度。特别是在医院面临患者流量高峰、人潮涌动的挑战时，导诊机器人凭借其快速响应的能力，能够即时满足患者的就医引导需求，显著缓解了医院的运营负担。依托于先进的语音识别技术，导诊机器人使患者能够轻松通过语音指令与机器人进行互动。患者只需口头阐述自己的就医需求，机器人便能迅速捕捉并以语音形式反馈相关信息，从而实现了沟通的高效性和信息获取的便捷性。通过巧妙融合多种前沿科技，导诊机器人成功实现了智能化的导诊功能，为医院带来了一种既高效又便捷的患者服务模式。这一创新不仅极大地提升了患者的就医体验，同时也有效减轻了医院在日常运营中的压力。如图 4-7 所直观展示的，导诊机器人在实际应用中展现出了显著的成效。

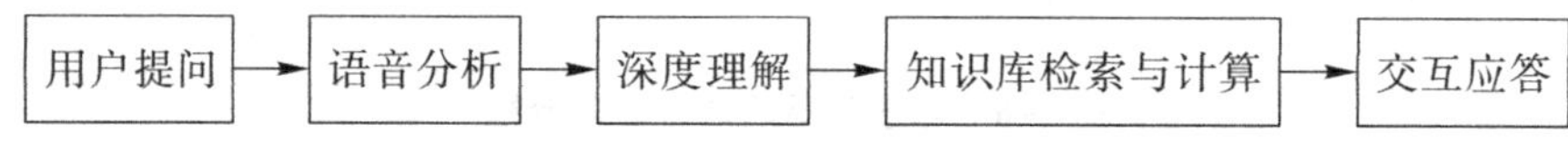

图 4-7　机器人交互流程图

已应用导诊机器人的部分医院见表 4-4 所列。

表 4-4　已应用导诊机器人的部分医院

导诊机器人型号	所使用医院
科大讯飞晓曼导诊机器人	中国人民解放军总医院（301 医院）、合肥市第一人民医院
若水医生康宝导诊机器人	四川大学华西第二医院
博为护士助手机器人	北京大学深圳医院
银杏宝宝导诊机器人	郑州大学附属郑州中心医院
北京进化者小胖导诊机器人	武汉同济医院、武汉江夏区第一人民医院、江苏省苏北人民医院

3. 虚拟助理

虚拟助手作为一种集成了自然语言处理技术、机器学习算法等人工智能学科前沿技术的创新应用，其核心目的在于构建一套全面的疾病知识库，并以此为基础，提供高度互动性的问诊信息服务。当个体感受到身体的不适症状时，虚拟助手能够借助其语言交互能力，详尽地收集患者的个人背景资料、既往过敏记录以及当前的病症详情等信息。在这一过程中，所有采集的信息均会被自动且安全地录入系统内部，随后，虚拟助手会运用其内置的智能算法，对这些信息进行综合分析，进而生成一份初步的诊断信息概览。虚拟助手问诊流程如图 4-8 所示。

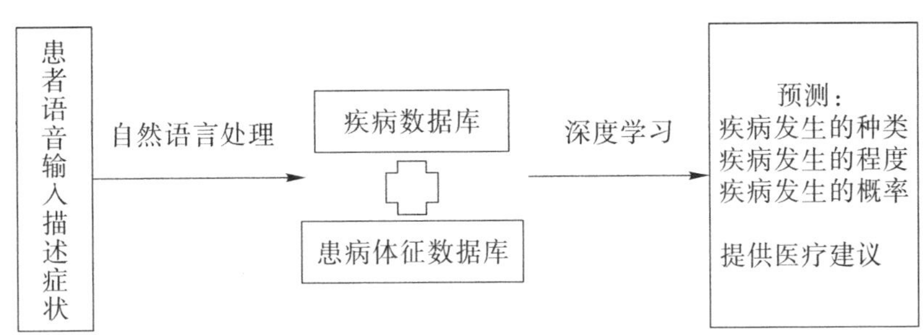

图 4-8 虚拟助理问诊流程

二、人工智能技术在家庭健康系统信息服务中的应用

在家庭健康管理系统中，人工智能技术的融入旨在为用户提供全方位、个性化的信息服务。特别是在健康咨询领域，人工智能展现了其不可替代的核心价值。依托于先进的智能算法，该系统能够深入剖析家庭成员的个人特质与健康状况，据此提供量身定制的营养膳食建议、个性化运动规划以及生活方式优化策略，助力每位家庭成员都迈向更加健康的生活轨道。

在家庭健康管理场景中，人工智能的应用通过智能化的健康监测机制、个性化的健康指导方案以及实时的医学信息推送，为家庭成员构建了一套完备的健康管理体系。这一智能化信息服务模式的实施，不仅极大提升了家庭成员对自身健康状态的认知水平，还促进了全部家庭成员对健康议题的共同关注与积极参与。

（一）自诊导诊信息服务

人工智能驱动的家庭医疗自诊与导诊服务，是一种利用交互式机器人技术来解答家庭用户健康咨询需求的创新性医疗信息服务模式。该服务的核心目标在于减轻医疗从业人员的职业压力，并显著改善用户的就医服务体验。在实现这一智能化自诊与导诊流程的过程中，用户需首先录入个人的基本信息，涵盖性别、年龄以及当前病情概述等关键要素。随后，用户可通过直观的选择界面或精确的症状及检查指标搜索功能，从预设的选项中挑选至少 1 项至多 10 项的症状或指标，并可根据实际情况决定是否附加描述伴随症状。基于这些详尽且个性化的用户输入，系统内部将运用一系列精密的算法进行深度分析，从而精准推导出用户可能罹患的疾病类型及其相应的概率分布。在此基础上，系统还会为用户提供一套科学合理的就诊科室推荐方案。整个智能自诊与导诊的运作流程及技术实现原理如图 4-9 所示，该图展现了该服务在提升家庭医疗咨询效率与准确性方面的独特优势。

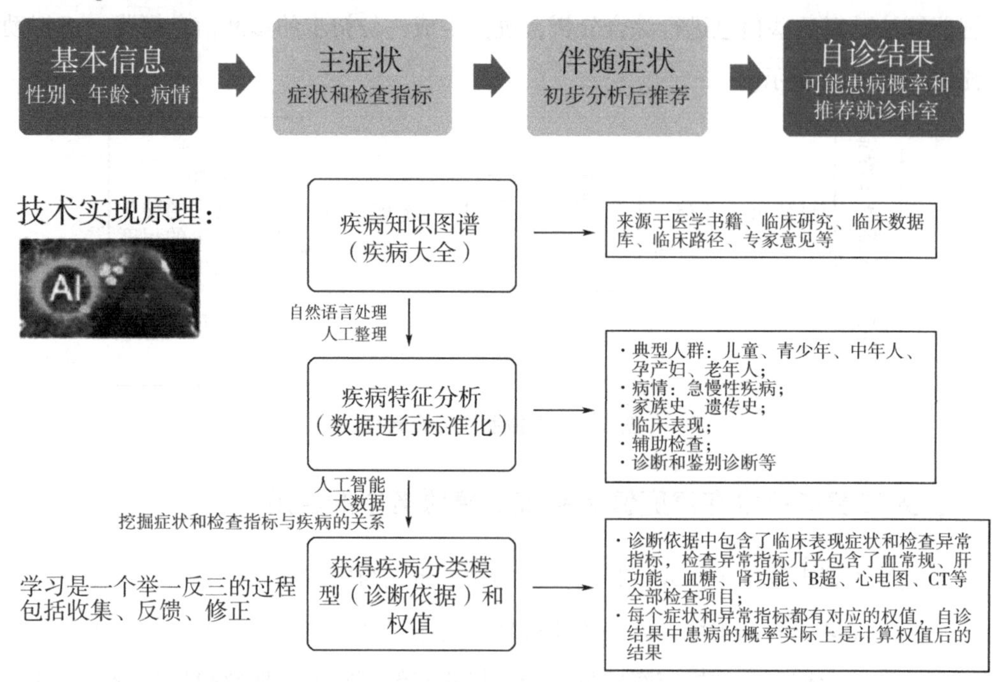

图 4-9　智能自诊导诊流程及技术实现原理

智能自诊导诊系统的实现机制，核心在于构建一套详尽且系统的疾病知识体系图谱，并通过深度训练揭示症状与疾病之间的潜在联系。为实现这一目标，首要步骤是广泛搜集并整合源自医学文献、临床试验、临床数据库、标准临床路径及专家共识等多维度的先验知识。这些丰富的知识资源共同构成了应用程序中功能全面的疾病百科。随后，系统对这些疾病数据进行深度剖析，涵盖疾病的典型患者群体、病程属性（急性或慢性）、临床表现、辅助检查手段、诊断流程及鉴别诊断要点等关键特征，旨在构建一个既全面又精确的疾病知识数据库。

在此基础上，系统对疾病数据进行标准化处理，这包括对疾病特征的量化与归一化，以及疾病分类模型（诊断标准的依据）与经验权重值的训练。疾病分类模型是通过机器学习算法训练得到的，每个疾病均对应一个独特的分类模型，该模型集成了疾病的临床表现症状与各项检查指标。检查指标覆盖常见的医学检查项目，诸如血尿常规检测、肝功能评估、B 超检查、脑电图分析、CT 扫描等。每个症状与检查指标均被赋予相应的权重，这些权重在后续计算中用于评估用户患病概率。通过这一精细化的流程，智能自诊导诊系统能够凭借先验知识与训练得到的分类模型及权重体系，结合用户输入的个人信息、症状描述及检查数据，精准计算出可能罹患的疾病列表及其概率分布，进而为用户提供科学的就诊科室建议。这一实现机制在自动化程度、信息覆盖度及诊断准确性上均实现了显著提升，为用户提供了更加可靠、便捷的医疗自诊服务体验①。

（二）疾病预测信息服务

在个性化医疗领域，疾病预测信息服务展现出了其不可或缺的关键作用。借助深度学习与数据挖掘技术的强大能力，该系统能够依据个体的生理特质及健康历史记录，精心打造专属的疾病预测模型。这种高度精细化的服务模式，不仅显著增强了预测结果的精确度，同时也为医疗专业人员提供了更为详尽且全面的信息支撑，有助于他们制定出更具针对性的个性化治疗方案，从而最大化地提升治疗效果，促进患者康复。疾病预测信息服务通过持续更新与学习机制，致力于不断提升预测模型的性能水平。依托先进的机器学习算法，该系统能够实时地从海量的新医学数据中提取有价值的知识信息，对预测模型进行持续的优化与完善。这一过程确保了预测模型能够紧跟医学领域的发展步伐，不断提升其预测的准确性与可靠性，为个性化医疗的深入发展奠定坚实的基础。

人工智能技术在疾病预测信息服务领域的运用，为医学界带来了颠覆性的创新与变革。凭借精确的数据解析与前瞻性的模型预测能力，该服务为个体提供了更为详尽、及时的健康资讯，为未来的医疗健康保障开辟了全新的解决路径。若要让人工智能在疾病的筛查与预测活动中发挥积极作用，还需综合考量人的行为特征、生化检验数据以及医学影像资料等多维度信息，进行科学而全面的评估，如图 4-10 所示。

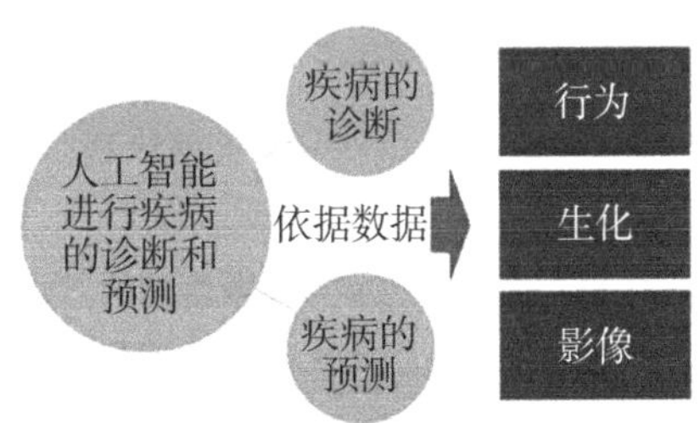

图 4-10　人工智能进行疾病诊断和预测的数据来源

人工智能技术在针对高危群体的个人疾病筛查领域的应用，对于实现有效的疾病早期筛查、及时捕捉疾病发展趋势以及提升公众的疾病预防意识具有重大意义。该技术通过对致病因素的综合分析，构建了一套个性化的健康信息服务体系，包括个人专属的健康顾问服务以及预防性与治疗性的医疗措施，为疾病预测领域的未来发展提供了明确的方向性指引。这种全方位且高度个性化的健康管理策略，旨在为个体提供更加精准有效的预防与干预手段，从而助力医疗服务体系朝着更加智能化、精确化的方向不断迈进。通过深度挖掘

① 李铭耀．人工智能在医疗领域的应用［J］．科技传播，2019（20）：143-144.

个体的健康数据，并结合先进的算法模型，人工智能技术能够实现对疾病风险的精准评估与预测，为个体量身定制健康管理方案，进而在疾病的预防与治疗过程中发挥更加积极的作用。

（三）健康管理信息服务

健康管理信息服务的运用，标志着传统的疾病被动治疗模式向主动识别与预防的积极控制策略的根本性转变。这一转变的核心体现，在于对个体身体参数的全面监测与评估。人工智能系统通过集成并监测来自生理数据、环境参数、社交行为等多源复杂的家庭健康信息，能够执行高度智能化的数据分析任务，从而为个体提供定制化的健康信息服务。在应对家庭健康信息的多样性方面，该服务所涵盖的信息范畴广泛，包括生理监测数据、环境影响因素、社交互动情况等。

健康管理信息服务的精髓，在于利用智能化技术精准监测与分析家庭成员的身体指标，以期达到疾病的早期预警与有效预防。尽管在实践过程中会遇到若干挑战，但随着技术的持续革新与数据资源的日益丰富，人工智能在家庭健康管理领域的应用前景广阔，有望不断优化升级，为家庭成员提供更加全面、精确的健康信息服务，推动家庭健康管理迈向新的高度。

人工智能参与健康管理的方式如图 4-11 所示。

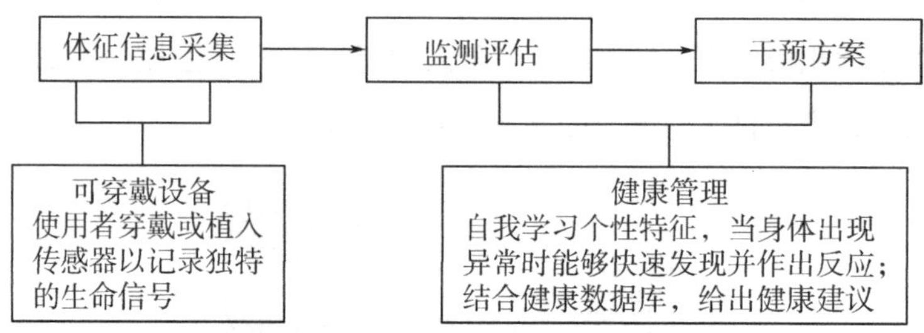

图 4-11 人工智能参与健康管理的方式

健康管理数据的处理流程，通过巧妙地融合数据采集、深入分析及精准行为干预等多个关键环节，为个体量身打造了全面而细致的健康信息服务体系。这一流程不仅充分发挥了大数据技术的强大潜力，还实现了与个性化健康管理需求的深度对接，从而为用户提供了更加科学、更具针对性的健康干预策略。这一系列举措有力地推动了健康管理领域的持续创新与不断发展，促进了健康管理实践的深度优化与全面升级。

第五章　人工智能技术在虚拟数字人领域中的应用

第一节　什么是虚拟数字人

一、虚拟数字人的概念

虚拟数字人这一前沿技术的产物，是由计算机图形学、图形渲染技术、动作捕捉系统、深度学习算法以及语音合成技术等一系列尖端科技手段精心打造而成的，其形象高度逼近真实人类。这些数字化人物不仅在外貌特征上与人类极为相似，在行为表现上也颇具人类神韵，更具备了一定水准的智能交互能力。因此，在虚拟环境中，它们能够与人类用户进行流畅而自然的互动，为用户带来前所未有的沉浸式体验。

二、虚拟数字人的分类

虚拟数字人的分类方式多样，依据不同的指标维度可划分为多种类型。

首先，从应用场景出发，虚拟数字人可被区分为服务型、表演型和身份型三种。服务型虚拟数字人在众多领域展现出替代人工的潜力，如客服、咨询及医疗指导等，它们能够全天候提供服务，如购物网站的虚拟客服、虚拟导游等角色。表演型虚拟数字人则在媒体内容创作和虚拟偶像经济中大放异彩，广泛应用于虚拟网红等领域。身份型虚拟数字人则作为特定人物的数字化分身，在元宇宙等虚拟世界中日益普及，如虚拟偶像、品牌代言等身份。

其次，根据交互能力的差异，虚拟数字人可分为非交互型和交互型两种。非交互型虚拟数字人主要依据预设程序执行任务，缺乏与用户的实时互动。而交互型虚拟数字人则具备高度互动能力，可通过多种方式与用户进行交互。进一步地，交互型虚拟数字人又可细分为文本交互型、语音交互型、手势体感动作交互型及多模态交互型四种。文本交互型虚拟数字人通过文字与用户沟通，适用于信息查询、简单对话等场景，如央视网的虚拟主播“小 C”。语音交互型虚拟数字人则利用语音识别与合成技术实现自然语言交流，如央视频的虚拟主播“聆语”，能够提供手语服务。手势体感动作交互型虚拟数字人通过捕捉用户肢体动作实现直观交互，适用于互动游戏、虚拟现实等场景，如上海广播电视台的虚拟主播“东方媛”。多模态交互型虚拟数字人则结合多种交互方式，为用户提供综合互动体验，如百度和阿里巴巴的超写实数字人与多模态智能助手。

再次，从构建和驱动技术的角度，虚拟数字人可分为智能驱动型和真人驱动型两种。智能驱动型虚拟数字人通过智能系统自动读取、解析并识别外界信息，根据解析结果决策后续输出，驱动人物模型生成语音与动作与用户互动。该人物模型通过人工智能技术预先训练，可通过文本驱动生成语音和动画。真人驱动型虚拟数字人则由真人驱动，通过动作捕捉系统将真人表情、动作呈现在虚拟形象上，实现与用户交互。

最后，根据图形维度，虚拟数字人可分为 2D 与 3D 两大类。2D 虚拟数字人呈现平面化形象，多用于漫画、平面广告等场景。3D 虚拟数字人则呈现立体化三维形象，可细分为二次元、3D 卡通、3D 超写实和真人形象等，广泛应用于影视制作、虚拟现实等高视觉要求场景。

三、虚拟数字人的发展历程

虚拟数字人的演进历程可划分为四大关键阶段：萌芽阶段、探索阶段、初级阶段以及成长阶段。每一阶段均涌现出一系列标志性事件与突破性技术。虚拟数字人从基础的二维图像起步，逐步迈向复杂精细的三维模型；从静态的展示形式，进化到生动逼真的动态交互；从单一的娱乐应用范畴，扩展到多元化的应用领域。

（一）萌芽阶段（20 世纪 80 年代至 2000 年）

在 20 世纪 80 年代，随着日本二次元文化的兴起，动漫角色逐渐受到欢迎，一些动漫角色作为虚拟歌手等形象出现在大众视野中。这些虚拟数字人主要以平面插画表现为主。例如，1982 年，《太空堡垒》中的女角色林明美作为虚拟歌姬出道，她的专辑还成功打进了当时的知名音乐排行榜。

（二）探索阶段（2001—2016 年）

在这一阶段，随着 2D 动画、动作捕捉等技术的发展，这些技术开始应用于影视制作中。例如，2007 年，日本的虚拟歌手“初音未来”诞生并流行起来，她的虚拟形象采用了 CG 和动作捕捉技术。在动作捕捉技术的辅助下，初音未来可以直接采用人类的表情和动作，借助 CG 技术，能够对动作捕捉生成的“人物骨骼”进行“无痕”对接。

（三）初级阶段（2017—2020 年）

在这一阶段，随着 CG 技术、影视渲染等技术的大规模应用以及哔哩哔哩、YouTube 等渠道的推动，以绊爱为代表的一批虚拟主播开始出现。这些虚拟数字人通常由专业团队来制作和运营，通过直播等渠道触达用户，形象同样以二次元风格为主。

（四）成长阶段（2020 年至今）

这一阶段，人工智能对内容生产能力的极大提升以及元宇宙对虚拟数字人赛道的催化，使虚拟数字人得到了进一步的发展和应用。相关应用也开始从虚拟主播、虚拟偶像的范畴向外拓展，形象也开始脱离单纯的二次元风格，出现了类写实、人工智能合成真人等。例如，2021 年出现的抖音虚拟美妆达人“柳夜熙”。此外，虚拟数字人的应用领域已经从单一的娱乐产业拓展至教育、医疗、金融等多个行业。

第二节　虚拟数字人核心技术

一、技术概览

虚拟数字人技术架构的构建，可细致划分为“五横两纵”的组成要素。“五横”体系囊括了数字人从生成到交互的五大核心技术模块，具体为：形象塑造模块（人物生成）、表现方式模块（人物表达）、视觉合成模块（合成显示）、感知识别模块（识别感知）以及智能决策模块（分析决策）。这些模块共同覆盖了从虚拟形象构建到其与外界环境及用户实现互动的全链条过程，确保了虚拟数字人功能的全面性与互动性。“两纵”则是对数字人形态维度的划分，具体指 2D 数字人与 3D 数字人两大类别。尽管在基础技术架构层面，2D 与 3D 数字人保持着较高的一致性，但 3D 数字人的制作在技术要求上更为复杂。3D 数字人的形象塑造需额外引入三维建模技术，以实现更为立体、细腻的数字形象生成。这一步骤不仅极大地丰富了数字人的信息维度，同时也对计算资源提出了更高的需求，使 3D 数字人在呈现效果与交互体验上能够达到更为出色的水平。

二、语音识别与多模融合感知技术

在现代信息技术的浩瀚领域中，语音识别与多模融合感知技术占据着举足轻重的地位，它们的发展对于促进人工智能、人机互动及物联网等多个领域的革新与进步具有深远的意义。此外，这两项技术还构成了推动虚拟数字人技术不断前行的核心驱动力之一。语音识别技术能够精准捕捉并分析人类语音信息，为机器理解人类语言提供了坚实的基础；多模融合感知技术通过整合视觉、听觉等多种感知信息，使机器能够更全面地理解并响应外界环境。这两项技术的不断成熟与融合，不仅极大地丰富了人机交互的方式与内容，也为虚拟数字人技术带来了前所未有的发展机遇，使其能够更加智能、更加自然地与人类进行互动与交流。

（一）语音识别技术概述

语音识别技术是利用计算机等机械设备自动识别和理解人类语音信号，并将其转化为相应的文本或命令的过程。这个技术涵盖了语音信号处理、模式识别、概率论、发声和听觉机理、人工智能等多个学科领域。其关键技术概述如下。

一是隐马尔可夫模型：广泛应用于语音识别中，通过构建状态网络，在状态网络中寻找和声音最匹配的路径，从而识别任意文本。

二是深度学习：应用于语音识别中的卷积神经网络和递归神经网络，极大提高了识别的准确率和鲁棒性。

三是语音信号处理技术：如动态时间规整和线性预测编码，解决了语音信号特征提取和不等长匹配问题。

（二）语音识别技术的发展历程

语音识别技术自20世纪50年代由贝尔实验室首次提出以来，经历了从词组识别到复杂语音识别的漫长发展历程。技术发展可以大致分为以下几个阶段。

早期发展阶段（20世纪50—60年代）：简单词组的识别，引入了线性预测分析技术和动态规划技术，为语音识别奠定了基础。

理论突破阶段（20世纪70年代）：动态时间归正技术的成熟极大地推动了语音识别技术的发展。

模型应用阶段（20世纪80年代）：隐马尔可夫模型和人工神经网络的引入，为语音识别提供了强大的工具。

产品化浪潮（20世纪90年代）：隐马尔可夫模型框架设计和自适应方面的突破，使语音识别技术快速从实验室走向市场。

深度学习时代（21世纪初至今）：深度学习技术的兴起，特别是基于深度神经网络的端到端模型，简化了语音识别系统，提高了识别率。

（三）当前语音识别技术的技术焦点

语音识别技术的发展方向，一方面需提高语音识别的准确性和鲁棒性，特别是在噪声环境下的识别能力；另一方面需加强语音识别模型的自适应能力，提高不同方言和复杂语言环境下的识别精度。当前，语音识别技术的焦点在于端到端模型，这类模型将声学模型和语言模型一体化处理，避免了传统模型的烦琐和信息损失。端到端模型通过连接时序分类模型和注意力模型等方法，实现了从原始音频到文本的直接映射，无须复杂的对齐操作，大大简化了模型的训练和部署过程。

（四）多模融合感知技术发展现状

多模融合感知技术是指通过整合多个传感器获取的数据，提供更全面、更准确的信息，来增强系统的感知能力和决策能力。多模融合感知技术作为语音识别技术的延伸和补充，致力于整合视觉、触觉、味觉、嗅觉等多种感知信息，以实现更全面、更智能的交互体验。根据融合的层次，多模融合技术可分为以下几类。

一是早期融合：在数据级别整合不同模态的数据，主要涉及传感器数据的同步和前处理。例如，将摄像头和 LiDAR 的数据在传感器层级进行融合。

二是特征融合：在特征提取阶段，将不同模态的数据提取出的特征进行融合。这种技术通过特征表示的组合，获得更全面的信息。

三是决策融合：在决策阶段，将来自各模态的独立决策进行整合，以形成最终结论。例如，多传感器信息融合在自动驾驶中障碍物检测的应用。

多模融合感知技术大大提高了虚拟数字人感知的准确性，在众多领域有广泛应用。在医学成像中，多模态医学影像融合技术通过融合 CT 和 MRI 数据，可以获得更精准的诊断结果，已被用于癌症的早期检测与诊断；在自动驾驶领域，多模融合技术通过融合摄像头、LiDAR 和雷达等传感器数据，来提高车辆在不同天气条件下的感知能力。尽管多模融合感知技术展现出巨大的潜力，但其发展过程中仍然面临诸多挑战。

一是数据同步与对齐方面：不同模态的数据采集频率和时间戳不同，实现精确的同步与对齐是一个难点。

二是计算复杂度方面：多模数据融合需要处理海量数据，计算负荷较重，需要高效的算法和硬件支持。

三是隐私与安全方面：多模态数据涉及大量个人隐私信息，如何保障数据安全和用户隐私是一个亟待解决的问题。

语音识别技术与多模融合感知技术的发展紧密相关，它们共同推动了人机交互、智能家居、自动驾驶等多个领域的创新。随着深度学习和神经网络技术的不断进步，语音识别技术正向着更高的准确率、更强的鲁棒性、更广泛的适用性迈进。同时，多模融合感知技术的发展也为语音识别提供了更多的上下文信息，增强了系统的理解和响应能力。未来，这两项技术的深度融合将为用户提供更加自然、智能的交互体验。

三、自然语言理解与认知智能技术

自然语言理解与认知智能技术构成了人工智能领域中不可或缺的关键要素。近年来，这些技术领域取得了长足的进展与显著的突破，不仅在学术研究领域产生了深远的影响，同时也极大地推动了产业应用的发展。尤为值得一提的是，它们还是驱动虚拟数字人技术不断前进的核心力量之一。自然语言理解技术的精进，使机器能够更准确地理解人类语言的复杂含义与情感色彩；而认知智能技术的提升，则赋予了机器更加智能的决策与推理能力。这两项技术的融合与发展，不仅为虚拟数字人技术注入了新的活力，也为其在更广泛的场景中的应用提供了更大可能。

（一）自然语言理解技术

自然语言理解技术是认知智能的关键技术之一，它使计算机能够解析、理解并生成自然语言文本，以实现更高级别的智能交互。自然语言理解技术的发展得益于深度学习技术的兴起，尤其是端到端模型的广泛应用，使这些模型能够从原始音频直接映射到文本，无须复杂的对齐操作，大大地提升了语音识别的准确性和效率。基于深度学习的模型如BERT、GPT-2等，通过无监督学习的方式，能够从互联网上大量的文本数据中学习，获取知识并发展出理解语境的能力。这些模型随后可以通过有监督学习在特定任务中进一步提升性能，体现了迁移学习的巨大潜力。

（二）认知智能技术

认知智能技术代表着人工智能的高级阶段，目标是让机器掌握人类的语言和知识体系，具备分析和思考的能力。它不仅涉及自然语言理解，还包含智能评测、机器翻译等技术，使机器能够理解人类语言的内在逻辑，实现“能理解、会思考”的能力。近年来，认知智能技术在自动问答、人机对话、聊天机器人等应用领域引起了广泛关注。特别是在机器阅读理解领域，通过深度学习技术的推动，计算机可以从文本数据中获取知识并回答问题，展现了强大的潜力。

自然语言理解与认知智能技术正处于快速发展阶段，深度学习、迁移学习等技术的不断创新为自然语言处理带来了前所未有的机遇。尽管存在挑战，但随着数据集的丰富和算法的优化，这些技术在实现更高水平的人机交互和智能服务方面展现出巨大的潜力。未来的研究将继续聚焦于提高自然语言处理的鲁棒性、适应性和理解深度，以实现更加智能、自然的人机沟通。

四、语音合成与多维表达技术

虚拟数字人技术中的语音合成与多维表达技术的发展态势，深刻地映射出人工智能领域技术创新的前沿动态。这一进展不仅标志着技术的重大飞跃，同时也构成了推动虚拟数字人技术持续进步的核心驱动力之一。语音合成技术的不断精进，使虚拟数字人能够生成更加自然流畅、富有情感的语音输出，极大地增强了其与人类用户之间的交互体验。而多维表达技术的探索与实践，则进一步拓宽了虚拟数字人在不同应用场景下的表现力与适应性，使其能够根据不同情境与需求，以更加生动、丰富的形式展现信息，从而极大地提升了虚拟数字人的应用价值与市场潜力。

五、表情驱动技术

表情驱动技术的不断革新，彰显了虚拟数字人在众多领域中的广泛应用潜力，特别是在影视创作、虚拟现实体验、游戏设计及人机交互等多个维度上。以下是对当前表情驱动技术几个关键方面的深入探讨。

一是人脸表情捕捉技术的主流应用。当前，虚拟数字人人脸表情驱动的核心手段在于人脸表情捕捉技术。该技术借助多种设备精确采集人脸表情数据，进而通过复杂的算法计算出头部姿态及人脸表情的运动参数，以此驱动虚拟角色模型，生成高度逼真的表情动画，极大地增强了虚拟角色的生动性。

二是线性混合形状模型在面部表情复现中的应用。基于线性混合形状模型的面部表情复现技术在皮肤表面设定表情驱动点，通过控制这些点的位移来带动皮肤动作，进而实现各种表情的复现。此方法的优势在于能够避免电机与表情单位之间烦琐的一一对应关系，同时，基于真实人脸表情数据库建立的不同表情数学模型，显著提升了表情的逼真度和表现力。

三是表情识别在人机交互中的价值。表情识别算法在人机交互领域的应用价值不容忽视。它不仅能够帮助企业精准捕捉用户对商品的满意度和偏好，从而优化产品推荐策略，还在虚拟现实技术中发挥着关键作用。为了实现更加真实的用户体验，虚拟数字人不仅需要能够表达情绪，还需要具备理解使用者情绪的能力，这就要求系统能够准确识别并解读用户的情绪信号。

四是机器学习在表情驱动中的应用。基于机器学习的表情识别算法在表情数据集上展现出了卓越的性能。通过结合运动单元与 Unity3D 变形目标的映射关系，该算法实现了虚拟数字人物表情的精准驱动，验证了该方法在自然人机交互中的有效性和可行性。

五是面部表情迁移技术的广泛应用。面部表情迁移技术在人机交互、虚拟现实及数字娱乐等领域具有广泛的应用前景。该技术能够实时生成丰富多样的表情，使机器与人的交流更加真实自然，极大地提升了用户体验。

六是实时表情迁移与表情动画技术的发展趋势。随着用户对表情动画质量要求的日益提升，人脸表情动画技术正朝着更加丰富、细腻、逼真的方向发展，同时需满足实时性的要求。人脸表情迁移的需求推动了相关技术的持续进步，以实现高效、精准的实时表情捕捉和迁移。

七是表情识别技术的挑战与最新进展。针对表情识别中普遍存在的类内差异大、类间相似度高的问题，研究者提出了一种创新的解决方案——基于角度距离组合损失函数与小尺度核网络的表情识别方法。该方法旨在提高网络的类间特征分离能力和类内特征聚类能力，从而显著提升表情识别的准确率，为表情驱动技术的发展注入了新的活力。

综上所述，虚拟数字人表情驱动技术的演进历程，广泛涵盖了从原始数据采集、精准表情识别、细腻表情复现至实时表情迁移等多个关键层面，充分展现了该技术在实现手段上的多样性与在实际应用中的广泛性。随着深度学习算法、计算机视觉技术及图形学领域的持续革新与飞跃，虚拟数字人表情驱动技术正稳步迈向一个更为真实、自然且高度交互的新纪元，为影视创作、游戏开发、虚拟现实体验等诸多领域带来了颠覆性的变革与前所未有的发展机遇。这些技术的不断突破，不仅极大地丰富了虚拟数字人的情感表达能力，还显著提升了用户体验的沉浸感与互动性，为数字娱乐产业的蓬勃发展注入了新的活力。

六、人体姿态估计技术

人体姿态估计技术是计算机视觉领域中的关键技术之一。近年来，随着深度学习技术的快速发展，该技术已取得了显著进步。人体姿态估计的目标是从图像或视频数据中精确估计人体的关节点位置，为多种应用领域提供关键信息，包括人机交互、运动分析、增强现实、虚拟现实、医疗保健等。

（一）技术进展

一是深度学习的推动。深度学习技术的兴起极大促进了人体姿态估计技术的发展，尤其是基于深度学习的二维人体姿态估计技术已经相对成熟，而三维人体姿态估计技术正逐步克服数据获取的难度，展现出巨大潜力。

二是多尺度特征的提取。多尺度特征的提取对于提高人体姿态估计的准确性至关重要，现有研究通过构建多分辨率特征提取骨干网络，有效地解决了人体尺度多变的问题。

三是时域信息与多视角信息的利用。在 3D 人体姿态估计中，利用时域信息或多视角信息可以解决遮挡、复杂性、多义性等问题，通过对序列图像或视频中的深度信息进行挖掘以及多视角不同时间的方法，可以减少深度模糊性，提高人体姿态估计的准确性。

（二）挑战与解决方案

一是遮挡问题。遮挡问题是人体姿态估计的一大挑战。当前的研究通过级联网络、先验约束、多尺度预测等方法优化预测结果，提升检测精度。

二是数据集限制问题。当前的三维人体姿态数据集大多是在实验室环境中采集的，自然场景下的数据集缺乏三维姿态标签，这限制了模型的泛化能力。针对这一问题，研究者正在努力构建更丰富的训练数据集，以适应更广泛的应用场景。

三是实时性与资源消耗问题。为了实现低延时、本地化的人体姿态估计，需要对模型进行轻量化处理，在保证精度的同时降低运算开销，以适应算力有限的场景。

尽管人体姿态估计技术在深度学习的推动下取得了重大突破，但仍面临遮挡、训练数据不足、图像模糊等问题。未来的研究将聚焦于构建更丰富的训练数据集，提升神经网络的效率与泛化能力，增强对多尺度多类别任务的适应性，以期拓展技术的应用范围。预计基于深度学习的三维人体姿态估计技术将在不久的将来引领新一轮人机交互技术革新，促进科学的发展，提高人类生活品质。

第三节 创建一个虚拟数字人

一、虚拟数字人系统架构

在构建一个能够实时交互、实现高质量唇同步并具备姿态学习能力的虚拟数字人系统时，需深度融合并优化多项前沿核心技术。以下是对当前技术发展趋势下，虚拟数字人技术架构的全面而深入的概览，旨在揭示其内在构成与运作机制。

虚拟数字人系统由四大核心模块构成，分别是：虚拟数字人形象塑造模块、实时驱动与交互响应模块、信息检索与知识管理模块以及多模态信息融合处理模块。虚拟数字人形象塑造模块负责创建并优化虚拟角色的外观与基础特征，确保其形象逼真且富有表现力。实时驱动与交互响应模块专注于实现虚拟数字人的实时动作捕捉与交互反馈，确保其与用户之间的交互体验流畅且自然。信息检索与知识管理模块承担着为虚拟数字人提供丰富背景信息与知识支持的重任，使其能够更智能地响应用户指令与问题。多模态信息融合处理模块负责整合来自不同渠道的多模态信息，如语音、图像、文本等，以实现虚拟数字人对复杂环境的全面感知与理解。

通过这四大模块的紧密协作与高效融合，虚拟数字人系统旨在打造出一个具备高度智能化、交互性与真实感的虚拟数字人平台，为数字娱乐、在线教育、远程协作等多个领域带来革命性的变革与无限可能。

二、虚拟数字人创建

（一）虚拟人制作资源

在现代科技的广阔领域内，虚拟数字人的制作与应用已展现出其深远的影响力与广泛的应用前景。开源资源的涌现，无疑为广大的开发人员提供了一座宝库，其中蕴含着丰富多样的工具与技术支撑，极大地促进了虚拟数字人制作领域的蓬勃发展。以下是对当前主流的几种开源虚拟数字人制作资源的详尽梳理，它们全面覆盖了从精细的人物建模、生动的动画制作，到精准的动作捕捉以及高质量的渲染等多个关键环节。

首先，人物建模是虚拟数字人制作的基石。开源社区提供了多款高效且易用的建模工具，使开发人员能够轻松创建出形态各异、细节丰富的虚拟角色。其次，在动画制作方面，开源资源同样不遗余力，提供了从基础动画编辑到复杂动作序列编排的全方位解决方案，确保了虚拟数字人能够展现出流畅且富有表现力的动作。再次，动作捕捉技术的开源实现，为虚拟数字人赋予了逼真的动态特性，使其能够精准地模拟并再现人类的自然动作。最后，高质量的渲染技术是虚拟数字人制作最终呈现的视觉保障，开源资源同样提供了多种高效的渲染引擎与工具，确保了虚拟数字人在各种应用场景中都能呈现出令人惊艳的视觉效果。

综上所述，开源资源在虚拟数字人制作领域的应用，不仅极大地丰富了开发人员的工具箱，更为虚拟数字人的广泛应用奠定了坚实的基础。

（二）虚拟人制作步骤

虚拟数字人系统的部署涉及多个技术环节，包括 3D 建模、动作捕捉、自然语言处理、语音合成以及深度学习等技术的综合应用。以下我们将详细介绍虚拟数字人系统的部署步骤。

1. 规划阶段

在规划阶段，需要明确创建虚拟数字人的目的。无论是娱乐、教育、营销还是其他目的，都需制订一个详细的计划。这包括确定虚拟数字人的基本特征，如年龄、性别、职业等；确定主要技术方向，如由真人驱动还是由智能技术驱动；此外，还需确定项目投入、团队成员及项目资金使用计划、项目发布渠道等。

2. 系统准备阶段

在系统准备阶段，需要进行总体规划和软硬件系统准备。这包括确定系统的硬件需求、软件工具以及需要实现的功能模块。典型的虚拟数字人系统需要高性能计算设备支持大规模数据处理和图像渲染，并使用相关的软件工具进行 3D 建模和动画制作。

硬件需求：高性能计算机、GPU 加速器、动作捕捉设备（如 Kinect 或 Vicon）。

软件工具：Blender、Unreal Engine、Natural Language Toolkit（NLTK）等。

3. 建模与动画制作阶段

选择一个 3D 建模软件。Blender、Maya、3ds Max 等软件都有自己的特点和优势，可以根据自己的需求和熟练程度进行选择。利用建模软件创建虚拟数字人的基础模型，添加纹理、材质和颜色等的细节，添加骨骼和肌肉以实现动画效果，确保模型的面部表情和身体动作具有高度的真实感。最后，为模型添加动作捕捉数据，利用计算机图形学技术使模型能够表现多种复杂的表情和动作。

高级的 3D 建模技术和实时渲染技术能使虚拟人更逼真。例如，将 Blender 或 Maya 等软件生成的人体模型以 fbx 格式导入 Unity，指定骨骼类型为 Humanoid，并利用 Mecanim 动画系统绑定骨骼。而后，使用 Unreal Engine 进行高精度的阴影计算和表面反射，使虚拟人更趋真实。

4. 动作捕捉与表情识别阶段

动作捕捉是虚拟数字人栩栩如生的重要保障。它通过动作捕捉设备记录真人的动作和表情，并应用于虚拟数字人上。

动作捕捉设备 Kinect、Vicon 等可以实时捕捉真人的动态，并转换为虚拟数字人的动作数据。它们还能消除捕捉过程中产生的抖动，将根节点（骨盆）位置和各关节的旋转四元数进行平滑处理，确保动作的平滑与自然；利用保持下肢向量一致性的方法赋予虚拟人下肢各关节运动，并通过正向运动学计算虚拟人脖子关节的三维坐标位置。

表情识别技术则利用深度学习算法（如卷积神经网络）对表情进行实时识别和生成。

三、虚拟数字人优化

在虚拟数字人的性能提升与优化过程中涉及多种先进的技术手段与方法，涵盖了动作精准捕捉、模型深度优化、姿态细腻调整、深度学习算法的有效应用以及实时渲染技术的不断优化等关键方面。以下，是对如何系统且高效地优化虚拟数字人的整体性能而进行的详细深入的探讨。

首先，动作捕捉技术的精准运用是虚拟数字人实现自然流畅动作的基础。通过高精度的动作捕捉设备与技术，能够精确捕捉并记录下真实人体动作的每一个细微变化，进而将这些动作数据映射到虚拟数字人身上，使其动作表现更加逼真且符合人类运动规律。

其次，模型深度优化是提升虚拟数字人视觉效果的另一大关键。这包括了对模型结构的精细化调整、纹理贴图的优化处理以及光照效果的精细调试等多个层面，旨在使虚拟数字人的外观更加细腻、真实且富有质感。

再次，姿态细腻调整对于虚拟数字人的情感表达与交互体验至关重要。通过调整虚拟数字人的关节角度、肌肉张力等参数，能够使其在不同情境下展现出更加丰富多样的姿态与表情，从而增强其情感表达的细腻度与真实感。

复次，深度学习算法的有效应用为虚拟数字人的智能化发展提供了有力支撑。通过训练深度学习模型，能够使虚拟数字人具备更强的学习与适应能力，从而在面对复杂多变的交互场景时能够作出更加智能且合理的反应。

最后，实时渲染技术的不断优化则是确保虚拟数字人在实际应用场景中能够呈现出流畅且高质量视觉效果的重要保障。通过不断提升渲染效率与画质表现，能够为用户提供更加沉浸式的虚拟体验。

综上所述，虚拟数字人的性能优化是一个涉及多个方面的系统工程，需要综合运用多种技术手段与方法论来实现。

第四节　虚拟数字人产业发展

随着元宇宙这一新兴概念的蓬勃兴起，虚拟数字人产业迎来了前所未有的快速发展，吸引了众多资本的竞相涌入，市场需求也随之呈现出爆发式的增长态势。当前，虚拟数字人技术已在教育、游戏、电商、旅游、政务以及企业等多个领域实现了广泛且深入的落地应用，为各行各业带来了全新的变革与发展机遇。在教育领域，虚拟数字人以其独特的交互性和趣味性，为学生提供了更加丰富多样的学习体验；在游戏领域，虚拟数字人以其逼真的形象和生动的动作，为玩家带来了更加沉浸式的游戏体验；在电商领域，虚拟数字人以其强大的带货能力和个性化的推荐服务，为商家创造了巨大的商业价值；在旅游、政务以及企业等领域，虚拟数字人发挥着举足轻重的作用，为相关行业带来了前所未有的创新与发展。据权威市场研究机构的数据预测显示，到 2030 年，我国虚拟数字人市场的整体规模有望达到惊人的 2700 亿元。这一预测数据不仅彰显了虚拟数字人产业的巨大发展潜力，也揭示了未来数字经济的全新发展方向和广阔市场前景。可以预见，在未来的发展中，虚拟数字人技术将继续在各行各业中发挥重要作用，为数字经济的蓬勃发展贡献更多的力量。

一、虚拟数字人在教育领域的应用

（一）应用场景

在教育领域的广阔范畴内，虚拟数字人的应用已深入渗透至从基础教育至高等教育的各个层级，为学生的学习体验与教学效果带来了显著的提升。以下是对其主要应用场景的详尽阐述。

1. 虚拟实验环境的构建

在科学教育领域，特别是生物、化学及物理等基础学科中，虚拟实验室的引入为学生提供了一个高度仿真的实验环境。这一创新性的教学方式不仅能够在确保学生安全的前提下，实现低成本的实验操作，还极大地促进了学生的探究性学习与实验技能的培养。在虚拟实验室中，学生能够身临其境地模拟实验过程，观察实验现象，从而加深对科学原理的理解与掌握。

2. 虚拟课堂与个性化辅导

虚拟课堂技术的运用，为学生与虚拟导师之间搭建了一座互动学习的桥梁。特别是在教育资源相对匮乏或教学内容高度重复的地区与学校，虚拟导师以其独特的优势，有效地填补了教学资源的空白。在虚拟课堂中，学生能够享受到个性化的辅导与指导，根据自身的学习需求与进度，灵活调整学习计划，实现高效学习。同时，虚拟导师的引入还极大地丰富了教学手段，使教学更加生动有趣，激发了学生的学习兴趣与积极性。

3. 项目学习与情景模拟的深化

借助虚拟数字人技术，教师可以设计出复杂多变的情景模拟与项目学习环境。在这一环境中，学生能够扮演不同的角色，置身于虚拟世界中，通过亲身实践与体验，提升综合素质与实践技能。这种教学方式不仅增强了学习的趣味性与互动性，还使学生在模拟的情境中学会了如何分析问题、解决问题，培养了团队协作与沟通能力，为其未来的职业发展奠定了坚实的基础。

综上所述，虚拟数字人在教育领域的应用不仅丰富了教学手段，提升了教学效果，还为学生提供了更加广阔的学习空间与机会。随着技术的不断进步与应用的深入拓展，虚拟数字人将在教育领域发挥更加重要的作用，为培养高素质人才贡献更多的力量。

（二）虚拟数字人应用的优势

虚拟数字人在教育领域的应用具有多种优势，具体如表 5-1 所示。

表 5-1 虚拟数字人应用的优势

优势	描述
个性化教学	虚拟数字人能够根据学生的个体需求进行个性化辅导和反馈
沉浸与互动提升学习效果	高度沉浸和互动的体验可以提高学生的学习兴趣和动机，从而提升教学效果
成本效益和安全性	虚拟实验和虚拟实习可以在降低物理设施的成本的同时保证学生的安全
灵活的学习方式	虚拟数字人可支持远程、混合式学习，打破了时间和空间的限制，提升教学的灵活性和适应性

（三）虚拟学伴应用案例

1. 虚拟学伴的定义

在现代教育技术领域的持续革新中，一种创新的应用形式——虚拟学伴，正日益在教育体系的各个层级中获得广泛的应用与认可。通过采用虚拟化身这一前沿技术，虚拟学伴不仅为学习者提供了温馨的学习陪伴，还实现了智能化的教育指导功能，展现了其独特的价值。这一技术进步的深远影响，在提升学习体验、优化教育成效以及缓解教师工作压力等多个维度上均得到了充分体现。首先，在学习体验方面，虚拟学伴以其生动的形象与互动性强的特点，极大地增强了学习的趣味性与参与度，使学习过程变得更加轻松愉快。其次，在教育成效的优化上，虚拟学伴凭借其智能化的教育指导能力，能够根据学习者的个性化需求与进度，提供定制化的学习路径与反馈，从而有效提升学习效果与效率。最后，在减轻教师负担方面，虚拟学伴的引入，使教师能够更专注于教学内容的创新与教学方法的优化，而将部分重复性的辅导与答疑工作交由虚拟学伴完成，从而有效减轻了教师的工作压力，提升了教学资源的利用效率。

2. 虚拟学伴的技术特点

虚拟学伴作为一种融合了人工智能与虚拟现实技术的先进互动教育工具，其特性丰富且独特，通常体现在以下几个方面。

一是智能化特性。虚拟学伴具备高度的智能性，能够精准地根据学生的个体学习进度与特性，量身定制教学内容与辅导策略。这一特性确保了每位学生都能获得最适合自己的学习路径，从而有效提升学习效率与质量。

二是社交互动性。在模拟人类情感与行为方面，虚拟学伴展现出了卓越的能力。它能够与学生进行自然而流畅的互动，营造出一种近似真实的人际交流环境。这种社交互动性不仅增强了学习的趣味性，还促进了学生情感与社交技能的发展。

三是环境适应性。虚拟学伴展现出了出色的环境适应性。它能够根据不同的学习场景与教育需求，灵活调整自身的功能与表现，以适应多样化的教学环境。这种适应性使虚拟学伴能够在各种教育场景中发挥最大的效用。

四是教学自主性。值得一提的是，虚拟学伴还具备独立执行教学任务的能力。它能够在一定程度上减少对教师的依赖，自主完成部分教学任务，从而减轻教师的工作负担，提高教学效率。同时，这种自主性也为学生提供了更多自主学习的机会，培养了他们的独立学习能力。

综上所述，虚拟学伴以其智能化、社交互动性、环境适应性和教学自主性等独特特性，在教育领域展现出了巨大的潜力与价值。

3. 虚拟学伴在教学中的应用场景

虚拟学伴在教育领域的应用场景广泛且多样，其影响力跨越了从基础教育至高等教育的各个层面。以下是对其主要应用场景的详细阐述。

一是课堂教学辅助的深化应用。在课堂上，虚拟学伴能够作为教师的重要辅助工具，通过提供即时的学习反馈与个性化的辅导，助力学生深入理解课程内容。它不仅能够根据学生的学习进度与理解能力，灵活调整教学策略，还能够通过生动的互动方式，激发学生的学习兴趣与积极性，从而提升课堂教学的整体效果。

二是个性化学习计划的制订。针对学生的个性化学习需求，虚拟学伴能够精准地制订专属的学习计划。通过对学生学习风格、兴趣偏好以及能力水平的全面分析，虚拟学伴能够为学生提供量身定制的学习路径与资源，确保每位学生都能在最适合自己的学习节奏中取得最佳的学习成果。

三是远程教育中的互动补充。在远程教育中，虚拟学伴发挥着不可或缺的作用。它能够有效地弥补地理分隔所带来的互动缺失，为学生提供高质量的在线学习体验。通过模拟真实的课堂互动场景，虚拟学伴能够让学生在远程学习中感受到如同身临其境的学习氛围，从而增强学习的参与感与沉浸感。

四是虚拟实验与项目学习的创新实践。虚拟学伴还能够帮助学生在虚拟环境中进行实验与项目学习。通过模拟真实的实验情境与项目场景，虚拟学伴能够让学生在安全、低成本的条件下进行实践操作，从而提高学生的学习效果与实践能力。这种创新的学习方式不仅能够激发学生的创新思维和提高解决问题的能力，还能够培养学生的团队协作与沟通技巧。

五是情感陪伴与心理健康的支持。除了在学习上提供帮助外，虚拟学伴还能够表达情感，与学生建立深厚的互动关系。它能够提供心理支持与关怀，帮助学生缓解学习压力与焦虑情绪。通过倾听学生的心声、分享积极的生活态度以及提供有效的应对策略，虚拟学伴能够成为学生的心灵伴侣，为学生的健康成长提供有力的支持。

综上所述，虚拟学伴在教育领域的应用场景广泛且多样，其独特的优势与价值为教育的未来发展注入了新的活力与希望。

4. 应用案例分析

表 5-2 展示了一些虚拟学伴的典型应用案例及其具体功能。

表 5-2　虚拟学伴的典型应用案例及其具体功能

案例名称	主要功能	具体应用场景
NEON 项目	拟人化形象、个性化学习指导	课堂教学、个性化辅导
Whizlow	教学任务分配、问题解答	课堂教学、在线教育
Admit Hub 的 Oli	校园导航、业务流程指引、心理支持	大学校园、远程教育
SimSchool	模拟训练、教学技能培养	职前教师培训
EduVenture © VR	沉浸式学习环境、虚拟实验	天文知识学习、项目学习
中学化学仿真实验平台	仿真实验、操作技能训练	中学化学实验教学

二、虚拟数字人在游戏领域的应用

随着元宇宙理念的蓬勃兴起以及虚拟现实技术的日益成熟，虚拟数字人正逐步确立其在游戏产业中的核心地位，其应用范围广泛，深刻影响着从游戏角色构思至用户体验优化的各个环节。

（一）游戏角色设定与动画制作

虚拟数字人技术的引入，极大地简化了游戏角色的设计流程与动画创作步骤，使角色的表情管理、肢体动作展现等更为细腻且贴近真实。其优势在于，借助全链路、端到端的人工智能驱动动画技术，虚拟数字人的动画制作效率实现了质的飞跃，成功产出高质量的3D动画内容。在具体实践中，众多游戏开发团队利用虚拟数字人技术，如虚幻引擎（Unreal Engine）等，对游戏角色进行高精度的打造，赋予其栩栩如生的生命力，显著提升了游戏的视觉表现力。

（二）虚拟游戏世界中的社交互动

虚拟数字人不仅在游戏角色的真实性塑造上取得了显著进步，更在游戏社交功能上实现了突破。在游戏中，玩家能够借助自己的虚拟形象，开展丰富多彩的社交活动，体验游戏与现实交织的独特乐趣。值得注意的是，游戏中的社交互动已超越传统的文字与语音交流，更多地依赖于虚拟形象的全方位互动，使玩家更加沉浸于虚拟世界，增强了游戏的代入感与互动性。例如，随着云游戏技术的蓬勃发展，玩家在虚拟空间中能够进行社交、创作、购物等多种活动，“游戏+社交”的新模式正逐渐成为虚拟世界的重要应用场景。

（三）数字孪生与游戏体验优化

在数字孪生领域，虚拟数字人技术将现实世界中的玩家精准映射至虚拟世界，进一步推动了游戏体验的优化。通过该技术，玩家不仅能够扮演游戏角色，还能模拟现实中的决策与行为，形成个性化的数字孪生体。这些数字孪生体不仅在外貌上高度还原玩家形象，还能通过先进的机器学习算法，精准模拟玩家的行为特征，从而助力玩家提升游戏策略，优化游戏体验。在具体游戏中，如某些战略类作品，虚拟数字人能够依据玩家的决策习惯，自动调整策略，使得游戏的层次与复杂性得以提升。

（四）增强游戏沉浸感

虚拟数字人的应用极大地提升了游戏的沉浸感，特别是在虚拟现实与增强现实游戏中，该技术使玩家仿佛置身于游戏世界之中。具体表现为，虚拟数字人凭借高精度的图形图像处理技术，在虚拟现实与增强现实环境中呈现出令人信服的真实图像与互动效果。以Unity引擎在虚拟现实游戏中的应用为例，游戏中的角色与场景均呈现出极高的逼真度，玩家通过虚拟数字人，能够进行极具沉浸感的游戏互动，享受前所未有的游戏体验。

表5-3总结了虚拟数字人在游戏领域的几个主要应用场景及其具体示例。

表5-3　虚拟数字人在游戏领域的几个主要应用场景及其具体示例

应用场景	详细描述	实例游戏	优势
角色设定与动画制作	通过人工智能动画技术完成高质量3D动画角色生成	《天涯明月刀》《逆水寒》	提升制作效率，实现高保真动画
虚拟游戏世界中的社交互动	玩家通过虚拟形象进行多种交互活动	云游戏、社交类游戏	增强玩家互动体验和沉浸感

续表

应用场景	详细描述	实例游戏	优势
数字孪生与游戏体验优化	玩家可以在虚拟世界中映射现实行为，形成数字孪生体	战略类游戏	提升玩家策略性和游戏深度
增强游戏沉浸感	通过虚拟现实/增强现实技术和虚拟数字人提高游戏的真实感和互动性	虚拟现实游戏、增强现实游戏	提供身临其境的游戏体验

三、虚拟数字人在电商行业的应用

随着虚拟现实、增强现实及人工智能技术的日新月异，虚拟数字人在电子商务领域的应用范围日益扩大，为电商行业开辟了一系列创新性的解决方案，显著提升了用户的购物体验以及企业的运营效能。

（一）商品展示与虚拟试穿

虚拟数字人技术被广泛应用于商品的虚拟展示与试穿环节，为消费者提供了更为生动、直观的购物体验。通过虚拟模特的展示，消费者能够借助虚拟现实头戴设备或移动设备，清晰地观察到服装在虚拟数字人身上的尺寸适配、颜色搭配以及动态效果。这一创新模式不仅极大地增强了用户购物的沉浸感，还有效降低了因商品实物与预期不符而导致的退货率。其优势在于，它为消费者提供了更为直观的商品预览，同时显著减少了因商品不满意而产生的退货情形。以维密为例，它通过引入虚拟模特展示新品服装，不仅丰富了商品展示的形式，还进一步激发了消费者的购买欲望。

（二）虚拟客服与智能助理

在电商平台上，虚拟数字人作为智能客服的角色，能够与用户进行实时互动，解答疑问，并根据用户的购物历史及偏好，提供个性化的商品推荐。依托自然语言处理技术和先进的人工智能算法，虚拟数字人实现了 24 小时不间断的在线服务，为用户提供快速、精准的帮助，从而大幅提升了客户满意度。这一应用的优势在于，它提高了客户服务的效率，同时根据用户的个性化需求，优化了购物体验。在某些电商平台中，智能客服已成功替代了大部分人工客服的工作，有效降低了人力成本。

（三）智能直播与带货

虚拟数字人作为主播，在直播带货领域展现出了巨大的潜力。通过实时互动，虚拟主播不仅能够展示商品，还能即时解答消费者的疑问，极大地增强了用户的参与感。这种创新的直播方式尤其适用于化妆品、服饰等需要亲身体验的商品。其优势在于，它提高了商品展示的互动性和吸引力，从而带动了销量的增长，增强了品牌的曝光度，并成功吸引了大量粉丝的关注。

（四）个性化定制与虚拟设计

借助虚拟数字人技术，消费者可以在电商平台上进行产品的个性化定制与设计。例如，用户可以通过虚拟数字人试验不同的家具布局，甚至是进行房屋的整体设计，实时预览产品效果，从而优化购物决策。这一创新应用的优势在于，它满足了消费者的个性化需求，提高了产品的满意度和用户黏性。以家具电商平台为例，用户可以通过虚拟数字人进行房间布局的个性化设计，从而实现更加精准、满意的购物体验。

（五）虚拟数字人营销

当前，虚拟数字人在营销领域的运用可被清晰地划分为两大主要范畴。一方面，那些已经拥有一定 IP 价值与粉丝基础的虚拟数字人，正被广泛地应用于各类品牌及产品的代言与推广。另一方面，品牌方也开始着手打造专属定制化的虚拟数字人形象，以进一步拓展其在营销领域的应用边界。

这一趋势所带来的优势显而易见。虚拟数字人凭借其不受时间限制的特性，能够替代真人主播实现 7×24 小时不间断的直播，从而有效地缓解了主播资源短缺以及人力成本持续攀升的难题。尤其是对于那些处于行业头部的电商主播、明星电商主播等稀缺性资源而言，其产能的瓶颈往往受限于真人的直播时长。然而，如果未来这些稀缺的电商主播与明星能够借助虚拟数字分身来进行直播带货，那么原本因真人直播时长限制而产生的产能瓶颈，将有望得到根本性的消除。这一创新性的应用，不仅为品牌营销领域带来了全新的可能性，也为虚拟数字人的未来发展开辟了更为广阔的空间。

四、技术发展与虚拟数字人应用前景

人工智能生成内容（AIGC）技术的问世，成功打破了数字人“仅能诵读、缺乏交互”的局限性，其先进的生成算法极大地提升了内容创作的效率与便捷度，有效削减了成本并降低了创作门槛。与此同时，该技术还极大地丰富了内容创作的多样性与个性化，精准地满足了用户多元化的需求与偏好。自然语言处理领域的大型模型进一步增强了数字人的交互体验，使其真正拥有了生动的灵魂。特别是 ChatGPT 所展现出的高度灵活性，刷新了人们对人工智能的传统认知。相较于普通的人工智能机器人，ChatGPT 在信息与知识的挖掘、梳理方面更为深入，其语句处理方式也更为贴近人类的日常交流习惯，呈现出更加自然流畅的对话体验。虚拟数字人不仅在技术层面展现出了卓越的先进性，而且在未来的媒体形态与服务模式中占据了举足轻重的地位。特别是在元宇宙这一新兴背景的推动下，虚拟数字人被赋予了新媒介的角色，成为连接现实与虚拟世界的桥梁，有力地推动了信息的制造与传播。其应用领域的拓展，已逐渐从泛娱乐化向传媒、文化、教育、金融、文化旅游、医疗健康、零售消费、体育竞技等多个行业延伸，展现出了广阔的应用前景与巨大的市场潜力。

五、虚拟数字人产业面临的挑战

尽管虚拟数字人产业正吸引着广泛的关注与期待，然而在其技术实现、市场推广、法律伦理框架构建以及社会认知接纳等方面，仍面临着一系列复杂且严峻的挑战。

（一）技术层面的突破难题

虚拟数字人技术的构建，横跨了计算机图形学、动作捕捉技术、人工智能等多个高精尖领域，这些技术领域不仅门槛较高，且研发成本巨大，科研周期也相对漫长。当前，虚拟数字人主要聚焦于感知智能的层面，如语音识别能力的提升，但要迈向认知智能的更高阶段，还需攻克自然语言深度理解、复杂机器学习算法以及知识图谱构建等更为棘手的难题。

（二）经济与商业化的双重考验

在经济与商业化层面，虚拟数字人的开发与运营同样面临着高昂的成本压力，涵盖技术研发、高端设备购置、海量数据处理以及专业团队的人力投入等多个方面。尽管已有部分虚拟数字人成功迈出了商业化的步伐，但总体而言，其大规模商业化仍面临诸多障碍，包括盈利模式的不明朗、市场需求的波动性大等现实问题。

（三）法律与伦理的边界探索

在法律与伦理的维度上，虚拟数字人的广泛应用引发了数据隐私与安全保护的深刻忧虑。在处理用户数据时，如何确保数据的安全性与用户隐私的严格保护，成为亟待解决的关键问题。此外，虚拟数字人因其能模拟人类行为的特点，也存在被不法分子恶意利用的风险，可能引发版权争议、个人隐私泄露等一系列道德与法律风险。

（四）社会认知与接受的逐步深化

在社会认知与接受方面，虚拟数字人的发展仍面临公众接受度的提升挑战。尽管技术进步已使虚拟数字人的外观与行为更加逼真，但用户对其真实感的认可与接受仍需时间。同时，虚拟数字人还需适应不同文化背景下的用户需求，解决文化差异所带来的融合难题。

面对虚拟数字人产业发展的诸多挑战，应保持客观理性的态度，既要避免过度炒作与“神化”元宇宙概念，也要深入剖析技术进步所蕴含的巨大发展潜力。在此基础上，应积极谋划，提前布局，通过率先在标准制定、应用创新等领域取得突破，掌握产业发展的主动权与话语权，为虚拟数字人产业的健康可持续发展奠定坚实基础。

第六章　人工智能技术在交通中的应用

第一节　人工智能技术与交通管理

一、城市智能交通范围

（一）动态交通

动态交通运输体系，涵盖了城市公共交通系统、轨道交通网络以及交通管理体系等多个方面。在城市交通的庞大体系中，汽车无疑扮演着举足轻重的角色。随着汽车产业的蓬勃发展，以及它与交通、通信、电子信息、互联网及物联网等行业的深度融合，正促使汽车的功能与使用模式发生着前所未有的深刻变革。

1. 城市公共交通的多元化发展

城市公共交通体系主要由公交都市系统和共享单车服务构成。其中，共享单车作为新兴的交通方式，细分为自行车与电动车两大类别。这一创新模式的出现，有效解决了大城市中“最后一公里”的出行难题，从而在一定程度上减轻了城市中心区域的交通拥堵状况，提升了城市交通的整体效率。

2. 轨道交通的广泛布局与信息管理

轨道交通体系主要由地铁、轻轨等轨道交通工具组成。截至 2023 年年末，我国已有 61 座城市拥有了轨道交通系统，总运营里程高达约 11034 千米。在轨道交通的运营过程中，信息管理系统发挥着至关重要的作用。特别是列车运行监管系统和站台监控系统的应用，为轨道交通的安全、高效运行提供了有力保障。

3. 交通管理的智能化与综合治理

交通管理特别是城市交通管理，是城市交通体系中不可或缺的一环。其执行主体为交通管理部门，通过建设和完善交通软硬件设施、维护交通秩序、确保道路畅通无阻以及实施综合交通治理措施，为公众营造一个和谐、有序且高效的交通环境。在城市智能交通领域，智能交通管理与智能交通运输两大核心领域共同推动着城市交通的智能化发展。这两大领域相辅相成，共同构成了城市智能交通系统的完整框架，为城市交通的未来发展指明了方向。

（二）静态交通

静态交通管理，具体而言，是指智能停车系统的构建与应用。该系统深度融合了互联网技术、通信技术、全球定位系统、地理信息系统、云计算平台以及物联网技术等前沿科技，通过多样化的终端设备，全面覆盖城市停车位的采集、高效管理、便捷查询、灵活预定以及精准导航等关键环节。这一创新模式不仅实现了停车位资源信息的实时更新与一体化服务，即用户能够实时获取、查询、预定并导航至可用停车位，而且极大地促进了停车位资源的高效利用，确保了停车资源的最优化配置。同时，它也显著提升了车主的停车体验，使停车服务更加人性化、便捷化，从而实现了停车位资源使用效率的最大化以及车主停车服务体验的最优化双重目标。

二、城市智能交通系统

（一）工作流程

城市智能交通系统的运作流程，可以精练地概括为信息获取、信息加工以及信息传达三大核心环节。首先，借助雷达装置、感应线圈以及流量监测器等先进设备，系统能够全面且精准地捕获城市交通的实时信息。随后，这些信息将被送入由大数据处理技术与人工智能算法共同构建的复杂架构中进行深度加工与分析，旨在提炼出对用户具有实际价值的展示内容与数据报告。最终，经过精心整合的信息与数据将通过指挥中心等高效的信息发布平台，以直观、清晰的方式传达给广大用户，助力他们作出更为明智的交通决策。这一流程不仅确保了城市交通信息的时效性与准确性，也极大地提升了信息利用的效率与价值。

（二）功能架构

城市智能交通系统的功能性架构，可细致划分为感知层、网络通信层、数据存储层、数据分析处理层以及应用服务层五大核心组成部分。

1. 感知层

作为整个智能交通生态的基石，感知层由一系列的基础设施与传感设备构成，它们如同智能交通系统的“眼睛”与“耳朵”，负责捕捉城市的交通动态。这些设备涵盖了监控摄像头、雷达系统、感应线圈、微波探测器、流量监测器以及车辆检测器等，共同构成了智能交通系统的感知网络。当前市场上，海康威视、大华技术、宇视科技、华为等企业是监控摄像机领域的主要供应商，而北京川速微波则在雷达技术方面占有一席之地。

2. 网络通信层

网络通信层是连接感知层与后续各层的关键桥梁，它涵盖了公安网、视频专网、122交通管理网、交通局内部专网以及互联网等多种网络形态，同时支持4G和5G移动通信技术与有线、无线等多种通信方式。中国移动、中国联通、中国电信这三大电信运营商在此层面发挥着至关重要的作用。此外，北京天融景通、蛙视通信技术、天津欧迈通信、北京安邦新创等企业专注于通信传输设备的研发与生产，而天融信、绿盟科技、启明星辰等则是网络安全设备领域的佼佼者，它们提供的防火墙、网闸、安全边界网关等产品为智能交通系统的安全稳定运行提供了有力保障。

3. 数据存储层

数据存储层主要负责存储城市智能交通系统产生的海量数据。这些数据以视频、图片以及各类数据库信息为主，包括机动车与驾驶人信息资源库、警员基本信息资源库、违章记录等。其存储方式多样，包括磁存储、蓝光存储、磁带存储等多种介质。华为、华三通信、浪潮信息、曙光信息、易华录等企业在此领域拥有深厚的技术积累与丰富的实践经验。

4. 数据分析处理层

数据分析处理层是城市智能交通系统的“大脑”，它负责为数据应用提供强大的数据接入、清洗治理、整合管理以及人工智能赋能能力。这一层主要包括数据中台与人工智能中台两大核心组件。数据中台致力于实现城市海量数据的全生命周期管理、全行业覆盖以及深度数据价值挖掘，通过构建数据生态体系，为数据应用提供强大的支撑。易华录、阿里巴巴、腾讯等企业在此领域有着深厚的经验积累。而人工智能中台则专注于为城市智能交通提供统一的算法基础运行环境、高效的多算法管理与大规模任务资源调度平台，让数据的处理与响应速度更加迅速及时。旷视科技、滴滴出行、腾讯、阿里巴巴、华为、易华录等企业在此领域展现出了强大的技术实力。

5. 应用服务层

应用服务层是城市智能交通系统直接面向用户与社会的窗口，它涵盖了运行效率提升、执法管理、处置调度、安全监管、信息服务以及出行服务等多个方面。在运行效率方面，系统通过事件识别、精细化感知以及交通信号自适应优化控制等手段，提升城市交通的流畅度与效率。执法管理则包括人工智能违法预审、人脸识别查控、特征搜车等功能，为城市交通管理提供了有力的技术支持。处置调度层面，系统通过勤务优化、一张图作战、特勤安保、警务考核等手段，提升了城市交通管理与应急处置的效率。安全监管方面，系统通过积分预警、重点对象闭环监管以及丰富业务实战模型的应用，加强了城市交通的安全监管能力。信息服务包括出行路况、紧急事件、精准停车诱导等信息的实时发布与推送。出行服务涵盖了出租车、公共交通、共享汽车、共享单车、网约车等多种出行方式的综合信息服务与调度管理。

（三）细分系统

城市智能交通系统是一个庞大而复杂的综合体系，涵盖了诸多细分系统，这些系统在城市交通管理中发挥着至关重要的作用。其中，常见的细分系统包括但不限于交通指挥系统、电子警察监控系统、交通视频监控系统、卡口监控系统、交通信号控制系统、智能公交管理系统、交通信息采集与发布系统、出租车综合信息服务系统、智能停车管理系统以及综合客运服务系统。

三、交通管理方式向数据化和智能化发展

人工智能学科致力于探索计算机模拟人类特定思维过程与智能行为（如学习能力、逻辑推理、深度思考及策略规划等）的可行性与实践路径。在城市智能交通管理领域，人工智能技术的革新性应用对城市交通管理模式的转型产生了深远影响，其影响广泛延伸至缓解城市交通拥堵、优化交通执法流程、推动智能出行服务以及改进停车管理等多个维度，呈现出日益显著的数据驱动与智能化发展趋势。

人工智能技术在城市缓堵治理方面，通过精准预测交通流量、动态调整信号灯配时等手段，有效缓解了城市交通压力，提升了道路通行效率。在交通执法领域，它依托智能监控与识别技术，实现了对交通违法行为的快速捕捉与精准处罚，进一步强化了交通法规的执行力与威慑力。

同时，人工智能技术还促进了智能出行服务的蓬勃发展，通过提供实时路况信息、个性化出行规划、智能导航等服务，显著提升了市民的出行便捷度与满意度。在停车管理方面，人工智能技术通过智能停车引导、车位预约及自动计费等功能，有效缓解了城市停车难问题，提高了停车资源的使用效率。

综上所述，人工智能技术在城市智能交通管理中的应用，不仅推动了城市交通管理方式的转型升级，还促进了城市交通系统的整体优化与智能化发展，为构建更加安全、高效、便捷的城市交通环境奠定了坚实基础。

第二节　人工智能技术与人车交互

一、汽车多通道交互相关理论

本节的核心研究议题聚焦于对汽车多模态交互理论框架的深入探讨。在计算机科学领

域，通道原本指代数据流通的媒介，而在人机交互的语境下，通道则转化为信息输入与输出的桥梁，扮演着至关重要的角色。多模态融合交互技术作为一种创新性的交互模式，旨在将人类的多元感知通道（涵盖视觉、听觉、触觉及体感等多重维度）进行深度融合，使用户在与汽车产品及系统互动的过程中，能够全方位、立体地感知并理解产品的各项功能特性，进而形成对产品综合体验的深度认知。人与汽车之间的多模态融合交互，是指个体通过综合运用自身的感知与效应器官，实现与汽车的信息互通与交互操作。这一过程不仅要求信息的精准传递，更强调信息的多维度、全方位交流，从而极大地丰富了人与汽车之间的交互体验。相较于传统的人车交互模式，多模态融合交互展现出鲜明的差异化特征。它不仅保留了传统交互方式的基本优势，更在此基础上融入了非精确性与并行性的交互特点。这种交互模式更加贴近人类自然的交流习惯，减少了人为操作的复杂性，提升了交互的流畅度与自然度。尤为重要的是，多模态融合交互技术的应用有助于驾驶者在行车过程中更加专注于路况，降低了因操作复杂而导致的安全隐患，从而在保障驾驶安全方面发挥了积极作用。

（一）多通道交互融合设计的理论分析

1. 视觉通道理论分析

人类对外界信息的获取，主要依赖于视觉这一核心通道，它在大脑处理并认知信息的过程中扮演着至关重要的角色，是感知外部环境不可或缺的一环。人机工程学领域的诸多实验研究成果揭示了一个显著的现象：人们对外界信息的感知，大约有 80%是通过视觉通道来完成的。这一数据进一步凸显了视觉在人类信息获取机制中的核心地位。在驾驶场景中，驾驶者的视觉特征，特别是其眼动行为，对于确保行车安全具有举足轻重的意义。从驾驶安全性的角度出发，一个设计合理的视觉交互界面，能够引导驾驶者的主要视觉注意力集中在前方的驾驶道路上，有效减少因视觉分散而导致的潜在风险。具体而言，这样的界面设计能够优化驾驶者的视觉活动区域布局，使其更加聚焦于驾驶过程中的关键信息，从而避免因视觉干扰而导致的分心现象，为驾驶安全提供有力保障。

2. 触觉通道理论分析

触觉，作为人体皮肤表面与外界环境相接触时产生的一种主观感受，其感知机制依赖于分布于皮肤之上的触点。这些触点大小各异，且分布状况亦不尽相同，在通常情况下，手指指腹区域的触点数量最为密集，因此该部位的触觉敏感度也相对较高。在驾驶者与汽车进行交互的过程中，绝大多数操控动作均需借助人手来完成，这一事实充分说明了触觉在汽车人机交互中占据着举足轻重的地位。相较于其他交互通道，触觉通道在接收信息方面具有更为突出的优势，其在信息接收过程中所受的限制相对较少，且具备更强的抗干扰能力。举例来说，在背景噪声较为嘈杂的环境下，触觉通道所传递的信息损失量相较于听觉通道而言，更加减少。因此，触觉成为汽车交互领域内应用最为广泛的交互方式之一。然而，在实际应用中，触觉通道往往需要与视觉通道相结合，以实现更为高效、准确的信息交互。鉴于此，在设计触觉交互系统时，设计者需充分考虑与视觉通道的协调性，尽量避免两者之间的冲突，以确保驾驶者在单手可控的范围内能够轻松完成触觉操控动作。同时，为了提升交互效率与用户体验，应尽量采用简单、直观的触觉操控方式，以降低驾驶者的认知负担与操作难度。丹麦奥尔堡大学的学者 Kenneth Majlund Bach 等人在汽车交互的研究中得出汽车交互效率最高的交互方式是触屏交互，其优势在于操作和反馈更为直观。

3. 听觉通道理论分析

在探讨人机信息交互的复杂过程中，听觉通道所扮演的角色至关重要，其重要性仅次于视觉通道，它利用声音作为高效的信息传递媒介。相较于其他交互通道，听觉通道在接收信息的广度上具有显著优势，得益于人类的双耳效应，我们能够准确判断声音来源的方向与距离。作为语音信息的天然载体，听觉不仅拓宽了信息接收的边界，还促进了语音与听觉之间一种自然、直接且双向的交互模式的形成。这种交互方式，在人与汽车之间的信息交流过程中，发挥着不可或缺的关键作用。它使驾驶者能够即时、准确地接收来自汽车系统的语音提示与反馈，从而有效提升了驾驶的安全性与便捷性。

4. 手势理论分析

手势交互作为未来车载交互系统设计领域的一个研究热点，正因其自然化且略带非精确性的特性而受到广泛关注。在《牛津字典》中，手势被定义为一种通过身体或身体某部分的计算性移动来传达信息的动作。慕尼黑工业大学的研究者 Martin Zobl 等人，在其针对汽车交互系统中手势控制可用性的深入研究中，提出了一种基于手势可学习性的分类方法。

依据此方法，手势被划分为两大类别：其一为无须刻意学习即可自然掌握的指示性与动作性手势，这类手势通常包括手指的简单张开等直观动作，它们几乎不依赖于个体的意志力，而是基于人类自然的身体语言；其二是建立在特定文化背景之上的手势，即符号型与象征型手势，这类手势的学习往往依赖于个体的文化背景与经验积累，如打电话等手势，它们通常具有更为复杂且深层的含义。这一分类方法不仅揭示了手势交互在车载系统中的多样性，还为设计师在构建手势交互系统时提供了重要的参考依据，有助于他们更好地平衡手势的自然性与学习成本，从而设计出更加符合用户需求与习惯的车载交互界面。

（二）智能汽车多通道人机交互特点及认知分析

1. 智能汽车的交互特点分析

在物联网技术日益渗透的当下，智能汽车相较于传统汽车，更加注重驾驶空间内的用户体验优化。这一转变显著体现在机械操控结构的减少与驾驶操作的弱化上，取而代之的是信息量的急剧增长。通过这一新型界面，智能汽车电子屏幕不仅承担着信息显示与车辆操控的重任，还不断拓展其信息展示的范畴，将社交互动、影音娱乐、新闻资讯等多维度信息融入其中。展望未来，智能汽车内部的显示技术将不再局限于传统的仪表盘与中控区域，而是呈现出更为广泛与灵活的布局。任何物理设备及周围环境都有可能成为信息展示的载体，嵌入先进的显示装置实现信息的无缝传递。这一趋势预示着智能汽车内部空间的数字化与智能化将迈向新的高度。

随着人工智能、传感识别等领域的持续进步，智能汽车正逐步引入多元化的交互形式，为用户带来前所未有的体验。在复杂多变的驾驶场景中，多通道交互方式以其自然流畅的特点，成为应对驾驶任务与流程的理想选择。它不仅能够有效平衡主要驾驶任务与次级任务之间的关系，还能显著提升用户的整体驾驶体验，使智能汽车成为集安全、便捷与娱乐于一体的未来出行工具。

2. 智能汽车多通道融合交互认知过程分析

多通道交互作为一种高度自然的交互模式，能够巧妙地协调并整合多种感官通道与周遭环境，实现信息的有效交流与互动。该模式具备直觉化的显著特点，能够显著减少视线的不必要转移，进而提升驾驶过程中的安全性。随着人工智能、传感器技术以及虚拟现实等领域的飞速发展，基于多通道的自然人机交互手段（如语音交互、触觉交互及手势交互等）正逐步成为智能汽车人机交互领域的主流。从驾驶者的视角来看，汽车的多通道交互机制实质上是一种综合性利用不同感官通道（包括手势、触觉及语音等）来协同执行用户决策的过程，旨在高效地完成特定的驾驶任务。在这一过程中，驾驶者的决策通过效应通道以信号指令的形式发出，随后被车载系统的人机交互界面所接收。该界面会对接收到的指令信息进行详尽的数据分析，通过分析这些信息指令，车载系统能够准确地判断用户的原始意图，并将分析结果通过输出设备传递至驾驶者能够感知的各个通道。这一交互流程不仅体现了多通道交互在智能汽车领域中的实际应用，还彰显了其在提升驾驶安全性、便捷性以及用户体验方面的巨大潜力。

（三）用户认知及驾驶认知负荷分析

1. 用户认知信息分析

在认知心理学的深入探索中，著名心理学家艾伦·纽厄尔与西蒙共同提出了一个关于人类信息认知过程的经典理论框架。该框架将认知过程细分为三个紧密相连的阶段：信息的接收输入、信息的深度处理与加工以及信息的最终输出。在这一理论模型中，信息的深度处理与加工系统占据核心地位。它通常由一系列复杂且相互关联的结构组成，这些结构具体包括用于捕捉外界信息的感受器、负责信息分析与转换的加工器、用于信息存储与记忆的存储器以及执行最终动作反应的效应器。这些组成部分协同工作，共同构成了人类信息认知过程的核心机制①。

当外界的信息被感受器所捕获后，这些信息会经历一个由加工器（我们通常所说的中枢神经系统）执行的精细处理过程。在此过程中，外界信息会被编码成人类大脑可识别的形式，随后这些编码后的信息会被暂时性地存储在存储器内，大脑会有选择性地对这些信息进行更为深入的加工与解析。在浩如烟海的信息中，大脑会根据当前的情境与需求，仅选择性地接收其中一小部分信息，大部分的信息则会被自动过滤或屏蔽，以确保大脑能够高效地处理关键信息。最终，大脑会将经过深度加工的信息发送至效应器，这些效应器通过控制人体的肢体动作来精确地完成驾驶等一系列复杂任务。基于上述详尽的分析，可以构建出一个关于人类信息加工过程的模型，该模型如图 6-1 所示，清晰地揭示了从信息接收到最终动作执行的全过程。

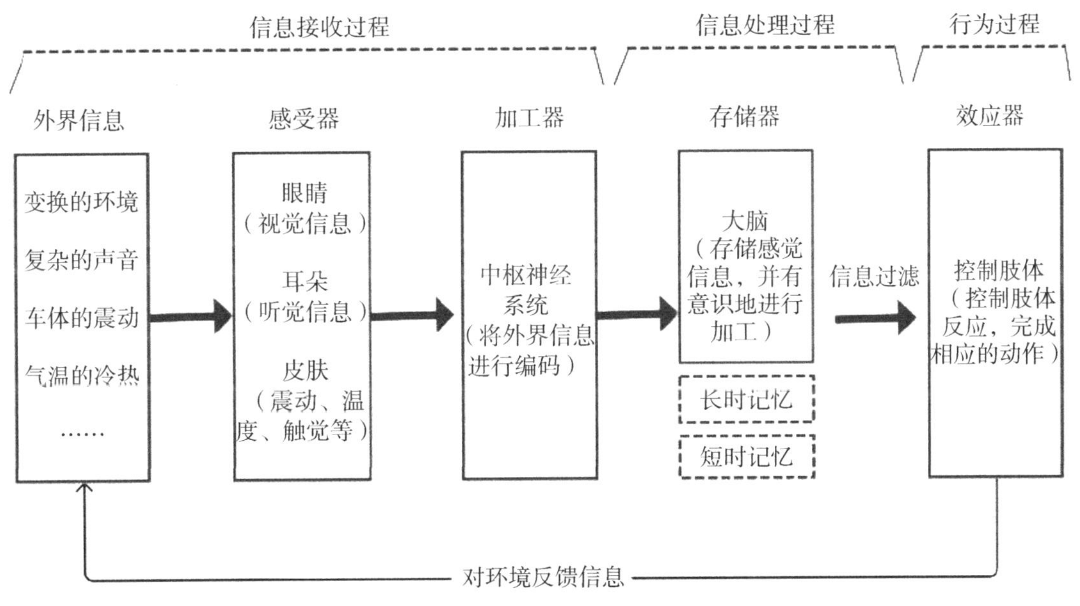

图 6-1　认知信息加工模型

在信息处理的架构内，信息筛选环节构成了用户将长时记忆、短时记忆等认知资源或心理活动的集合，有计划且针对性地调配至思维决断、反应选择及执行这一系列过程的关键步骤。具体而言，反应选择阶段涵盖了个体对众多备选方案的全面评估，并从中审慎抉择出最优方案予以实施的过程，而反应执行阶段，则是将这一经过精心挑选的方案，借助效应器官的具体动作加以外化，以保障既定目标的顺利达成。在信息认知的复杂流程中，信息筛选扮演了一个举足轻重的角色。它依据实际需求，有意识地选取对当前任务具有直接助益的刺激或信息，同时有效屏蔽其他无关信息，从而使驾驶者能够更加全神贯注地投

① 柳沙．设计心理学［M］．上海：上海人民美术出版社，2012.

入到当前驾驶任务之中，确保驾驶过程的专注度与安全性。这一机制不仅优化了信息处理的效率，也显著提升了驾驶者的决策质量与反应速度。

2. 用户驾驶认知负荷分析

环境因素在驾驶行为中扮演着至关重要的角色，它不仅涵盖了天气条件、周边行人动态、路边物体布局以及道路状况等自然环境要素，还涉及与交通规则紧密相连的交通标识(例如减速带、人行道标识、黄线标记以及红绿灯信号等)以及可能发生的交通事故等情境。这些因素共同构成了驾驶者所面临的外部环境。与此同时，车辆本身作为一个相对封闭的内部空间，其内部环境同样不容忽视。这包括驾驶舱内的布局设计以及驾驶员与车内其他乘员之间的交流互动，如对话沟通、使用手机等行为。作为车辆信息展示与操控的核心平台，驾驶员需通过操控油门、离合器以及方向盘等关键部件，来精确调控汽车的速度、转向角度以及与前车的安全距离等行驶参数。汽车系统的人机交互界面则是连接驾驶者与车辆信息的重要桥梁。这一界面不仅直观地呈现了车辆当前的状态信息，如车速、油量、发动机状态等，还实时反馈了驾驶者输入指令后车辆所执行的任务状态。交互界面的设计涵盖多个关键要素，包括可操作功能的直观展示、操作方式的明确提示、任务完成状态的实时更新、车辆当前信息状态的全面呈现以及必要的警示提醒等。这些设计元素共同确保了驾驶者能够高效、准确地与车辆进行信息交互，从而保障驾驶过程的安全与顺畅。如图 6-2 所示，该界面设计充分考虑了驾驶者的操作习惯与信息需求，旨在提升驾驶体验与行车安全。

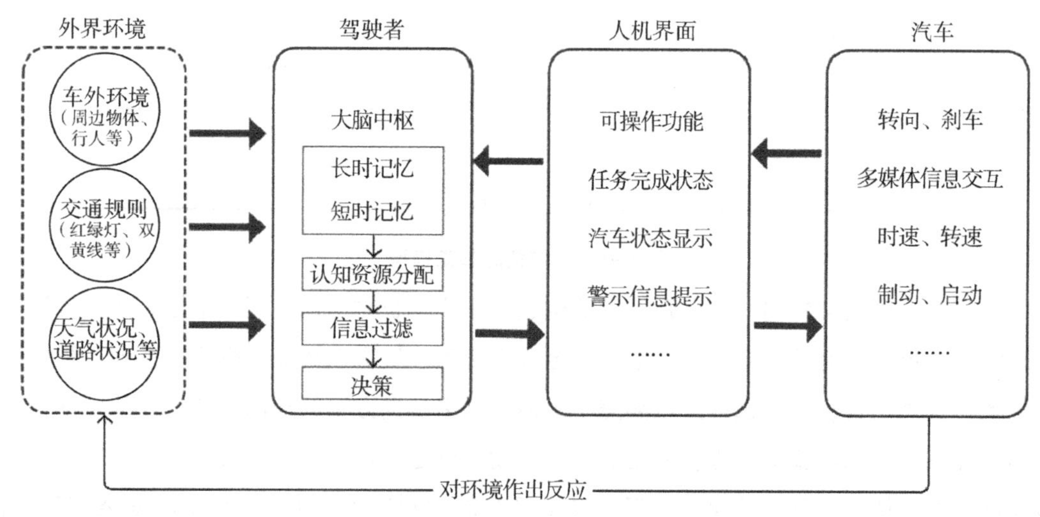

图 6-2 驾驶认知过程

二、智能汽车多通道融合交互策略

智能汽车人机交互的实质，乃是实现人、汽车与周遭环境之间信息流通的一种动态行为过程。在此过程中，人机交互界面构成了驾驶者接收车辆各类信息的核心渠道与桥梁，其展现效果的优劣，直接且深刻地影响着驾驶者对于车辆状态及周边环境信息的捕捉与理解，进而对驾驶者在执行驾驶任务时的决策制定产生深远影响，并在一定程度上涉及驾驶安全这一核心议题。在智能汽车的驾驶环境中，驾驶者不仅需要持续进行基础的驾驶操作，以确保主驾驶任务的顺利进行，还需与辅助驾驶系统保持紧密的交互，以有效管理并维持次级驾驶任务。尽管部分次级驾驶任务旨在为主驾驶任务提供支持与辅助，但鉴于驾驶者的认知资源有限，过多的次级驾驶任务无疑会加剧其认知负荷，从而增加驾驶分心的风险，对驾驶安全构成潜在威胁。基于前文的研究，下面将深入剖析智能汽车多通道交互设计的核心原则，系统梳理交互设计的整体流程，明确交互方式与行为的具体设定，并最终完成产品交互原型界面的设计构建。这一系列工作旨在通过科学的设计方法与流程，优化智能汽车的人机交互体验，降低驾驶者的认知负荷，提升驾驶安全水平。

（一）智能汽车多通道交互设计通用性原则

人机交互设计原则作为设计实践过程中的重要指导纲领，具备显著的引导功能，能够为设计构思的形成、设计流程的推进以及时间管理的规划提供坚实的保障。湖南大学的谭浩教授在其研究中深刻指出，汽车所呈现的信息内容、展示方式以及信息层次结构，均应当与驾驶者的心理认知模式保持高度的一致。这一观点强调，通过合理优化信息的复杂程度，可以有效提升用户的驾驶体验，并进一步增强驾驶过程的安全性。谭浩教授认为，汽车信息系统的设计应当充分考虑驾驶者的认知特点与心理需求，确保所传递的信息内容既准确又易于理解，展示方式直观且符合人类视觉习惯，信息层次结构清晰，避免冗余与混淆。这样的设计不仅能够降低驾驶者在处理信息时的认知负担，还能够提升其对车辆状态及周边环境的感知能力，从而有助于驾驶者作出更加迅速且准确的决策，为驾驶安全提供有力保障。同时，这种以人为本的设计理念，也是提升用户驾驶体验的关键所在①。Christian 等人在智能汽车的交互界面设计中提出了四个原则，即减少记忆负担、符合大众的普遍认知、提供对错误的预处理信息和简化结构层级②。

在探讨人机交互应遵循的核心原则时，需关注以下方面：功能的简明性原则、交互途径的优化性原则、认知负担最小化原则、交互动作的标准化原则以及倒金字塔信息呈现原则。

1. 功能的简明性原则

驾驶者在不同的行车环境中，所需信息会有所差异。中控屏幕作为信息的主要传递媒

---

① 谭浩，谭证宇，景春晖．汽车人机交互界面设计［M］．北京：电子工业出版社，2015.

② Müller, Christian, and Gerald Friedland. “Multimodal interfaces for automotive applications (MIAA)”. [C] Proceedings of the 14th international conference on Intelligent userinterfaces, 2009.

介，需根据场景变化向驾驶者提供不同的驾驶信息。智能汽车界面设计需应对的情境错综复杂，不仅要传递大量信息，还需考虑信息的优先级，确保驾驶安全，避免过度消耗驾驶者的认知资源。因此，界面设计需注重信息的层次感和清晰度，使驾驶者能迅速获取关键信息。

2. 交互途径的优化性原则

在智能汽车交互界面研发过程中，驾驶任务功能的呈现需贴合用户实际需求。高频次和关键的驾驶任务应置于一级界面，便于用户快速发现并操作。同时，需从人性化角度出发，考虑驾驶场景的各种可能性，采用最优交互方式，提升驾驶任务执行效率。这一原则始终站在用户立场，力求符合用户认知习惯，降低学习成本，增强交互的可用性和便捷性。对于智能汽车的多通道融合交互设计，选择合适的交互通道和方式能显著提升交互效率，优化驾驶体验。因此，针对驾驶情境的变化，灵活选择交互通道和行为至关重要。

3. 认知负担最小化原则

智能汽车的信息显示相比传统汽车的更为多样，这增加了驾驶者在工作状态下的认知负担。在无法改变主客观环境条件的情况下，可通过优化操作或执行阶段的动作来减轻认知负担。以手势交互为例，设计者设计时需考虑用户的文化背景、日常习惯和过往经验，三者的一致性有助于用户更高效、自然地使用手势控制驾驶任务，降低使用时间和记忆负担。在手势设计时，设计者可借鉴日常生活中的手势，在用户原有知识体系上移植应用，使人与车的交互更加自然。在语音交互方面，设计者需考虑同义词表达问题，避免语义相同但语句不同导致驾驶任务无法激活的情况，可通过听觉反馈让用户在不转移视线的情况下了解任务进度。在触觉方面，在交互动作完成时给予震动或听觉刺激，可有效减少视觉通道占用，降低认知负担。

4. 交互动作的标准化原则

尽管科学技术的发展使多通道融合人机交互成为可能，但技术和驾驶场景的限制使交互行为及动作具有一定的规范性。当前手势交互识别率尚待提高，规范用户交互动作是提升容错率的便捷方式。智能汽车传感器识别手势需在一定范围内，且识别区域界定模糊，因此手势运动范围需遵循一定标准，运动速度和间隔时间等因素也需考虑。语音交互需设置特定唤醒词，避免误操作影响体验，同时语义词设置应符合用户认知习惯、教育和文化背景。触觉交互通道设计在规范性方面可表现为可触区域大小、任务指令优先级显示和界面色彩提示等。

5. 倒金字塔信息呈现原则

倒金字塔信息呈现原则常用于语音交互界面设计，强调优先显示重要信息，以倒金字塔形式依次降低信息重要性。在语音交互过程中，用户说出命令后，界面会显示反馈结果，这些信息通常不可打断或跳过，用户被动接收。因此，语音交互信息优先级的排列尤为重要。通过合理排列信息，用户能迅速获取关键反馈，提升交互效率和体验。

（二）智能汽车人机交互流程设计

智能汽车的发展特征显著表现为机械操控性的减弱，同时向驾驶者呈现的信息呈现出复杂且多样化的趋势。在此背景下，大部分功能被整合至中控屏幕之中，使驾驶者的高频汽车交互行为主要聚焦于与中控屏幕的互动。因此，交互设计流程自然而然地以中控界面为核心展开。

针对这一现状，交互设计研究的重心将紧密围绕以下环节进行。以对用户行为的深入调研为基础，结合提炼出的交互设计原则作为指导框架，着手设计并输出各主要组成部分对应的交互流程图。这一系列流程图的绘制，旨在为后续梳理各部分的操作模式及其流程奠定坚实的基础。在此过程中，应紧密结合驾驶者在实际驾驶过程中可能遇到的各种情境，对具体的操作步骤进行细致分解。这一步骤的完成，将极大地方便设计师在后续设计工作中进行更为精准的决策与规划。

（三）智能汽车人机交互界面视觉设计

1. 中控屏幕的样式分析

当前市场中的中控屏幕在形式上主要有横屏和竖屏两种形式，横屏如 Model3 中控屏幕，竖屏如蔚来汽车中控屏幕，它们代表了当前智能汽车两种交互界面的设计形式。若具体到智能汽车对应的驾驶场景，横屏优点如下。

一是横向内容排列更符合人机工程学。眼睛横向运动比竖向运动快，往往会先看到水平的东西，后看到竖直的东西，即单位时间内横向看到的东西，比竖向的更多。

二是位置更合理。竖屏的中控显示屏幕由于在纵向上远远比横向占据的空间大，这样会产生两个缺点。其一会在一定程度上遮挡驾驶者的视线，其二会占用中控屏幕下方的有限的空间。横屏的放置在可以很好地在避免竖屏的两个缺点的同时，还可以更好地利用横向的冗余空间，更有利于用户的驾驶体验。

三是展示分区信息的优越性。由于智能汽车中控显示器屏幕尺寸较大，一般需要显示的内容都会被分类，放到固定的区域，方便用户认知。根据上文对人眼特性的分析，横向展示的分区信息被用户接收的效率相对于竖屏来讲更高。

竖屏优点则如下。

一是单个显示区域更多。竖屏在信息分区上较为简洁，通常某一个常用的程序会占用较大的界面区域，从而可以显示更多的信息。如导航应用，更多的界面区域可以显示更多的路线状况。

二是竖屏更符合用户认知。驾驶用户在习惯了手机的应用之后对竖向的交互形式有着更好的认知，在学习和使用上会有着更少的学习成本。

智能汽车更注重用户体验，而符合人机工程学的认知信息的分布是一个重要的因素，同时，考虑到当智能驾驶的用户在付出一定时间的学习成本之后，横屏交互界面更利于用户的在信息方面的认知，因此从长远考虑应选用第一种横屏的交互界面设计，作为本文研究的出发点。横屏的主界面分区通常分为底部导航栏，主界面显示信息区域和辅助界面信息显示区域。

2. 人机交互界面视觉设计

（1）导航栏布局设计。导航栏的设计主要是围绕用户的高频行为所使用的功能模块展开，汽车本身的选项可以作为汽车状态的设置功能，对应汽车设置界面，空调的温度可以使用直观的可视化数字来表示。同时，在数字两侧增加了调节温度的按键。此外，还将低频使用的功能折叠在更多的交互按键之中。

（2）汽车状态显示区域设计。车辆状态和道路的行驶情况属于主驾驶任务的一部分，相对于辅助驾驶，驾驶者对汽车状态的优先级高于辅助驾驶和其他的娱乐交互信息。因此，将汽车状态显示区域放在左侧，并且在交互界面中属于常驻显示；底色选用暗色和其他信息形成高对比，主要的信息包括电池、灯光状态、红绿灯预测、时速、限速、换道提示、手势输入和语音快捷输入等。

（3）主界面状态栏的设计。状态栏的显示设计，在一定程度上是防止驾驶者频繁地点亮手机屏幕观看时间和天气状态，导致驾驶分心；同时对车辆的信号蓝牙等状态进行显示。状态栏的设计采用70%透明的设计，可以减少对主界面导航地图的遮挡程度。

（4）导航交互界面设计。导航界面设计中加入家、公司、餐馆和自身定位等快捷导航方式，由用户偏好的选择给出对于用户走高速、不走高速、距离最短和时间最短等个性化的选择模式。对于目的地搜索的设计采用抽屉式设计，放在左下角，在最大化导航界面的同时也可以隐藏不必要的信息。增加视图切换模式，针对不同的驾驶者而言，有利于减少在行车过程中用户的认知负荷。在搜索目的地时，可以使用左边的状态信息显示区域的语音输入，简化交互流程，提升用户体验。

（5）音乐交互界面设计。音乐是车载多媒体系统当中最重要的次级驾驶任务，当用户使用听觉收听音乐时，并不影响视觉通道对主驾驶任务的表现。在进行导航操作任务时，音乐的播放形式可以用折叠迷你的形式悬浮在地图界面之上。可以将音乐交互界面主要分成五个部分：收听历史、音乐推荐、我的收藏、搜索和歌词显示界面等。

（6）空调界面交互设计。空调的使用较为频繁，在非智能汽车上的应用功能较为简单，多采用机械按键的形式，功能相对于导航交互流程较少，交互过程有直观化和集中化的特点，不需要层级。因此，在空调的交互界面设计中采用弹出式窗口的设计，可以叠加在其他交互界面之上，节省界面空间，提高用户操作的快捷性。选择空调的调节模式之后，用户可以直观地观察温度的变化，同时它还集合了空气循环模式的选择、风向的选择和前后玻璃的除雾模式，方便用户选择。

（7）电话界面交互设计。在车载电话的交互设计中，可以采用分页的形式，将接听和拨打电话的页面放置在距离用户近的一侧。在拨打电话的界面设计中，应以用户最近使用的历史通话记录为主，可以切换到通讯簿查询需要的联系人。

（8）视频交互界面设计。视频的观看需要占据用户视觉通道，并会消耗用户大量的认知负荷。用户观看视频是用户在车辆停止的状态下的一种高频行为，因此在设计视频界面时，可以将视频的视觉界面设计延伸到车辆状态区域，以最大化显示区域。用户在车内观看视频通常使用碎片化时间，因此应将历史观看记录放在明显的位置。考虑到用户对不同多媒体平台资源的需求性差异，在设计当中可以使用综合第三方账号登录，满足用户的视频观看需求。

第三节　人工智能技术与自动化驾驶

人工智能是一门专注于探索如何让机器（如计算机、车载系统等）模拟并实现人类感知与认知智能的计算机科学领域。当前时代，人工智能技术已经深度渗透到无人驾驶、路径规划、出行预测等日常生活场景以及工业生产实践中。融合了感知智能与认知智能的人工智能系统，在赋予人类前所未有的便利性的同时，也对传统的数据安全保障与系统防护技术带来了全新的挑战与考验。为了推动人工智能技术的健康、可持续发展并最大化地发挥其潜力，必须深入理解并充分应对其伴随的安全风险与隐私保护问题。对人工智能技术在应用过程中可能引发的安全漏洞与隐私泄露风险有了全面而深刻的认识，人们才能够更加稳健地推进人工智能技术的研发与应用，确保其在带来便利的同时，也能够切实维护用户的数据安全与个人隐私权益。

一、面向自动驾驶的人工智能安全关键技术

（一）人工智能算法脆弱性分析

机器学习历经 60 年发展，可分为两代。初代基于符号主义构建知识库与推理机制，模拟人类推理、规划与决策，虽具显式推理与可解释性，但难以利用大数据，无法处理不确定的知识及自然语言，且依赖专家知识，成本高昂，迁移性差。二代则利用深度神经网络模拟人类感知，结合大数据，推动图像、语音、文本处理应用，降低了技术门槛。机器

学习算法无须特定领域知识，它通过大规模数据构建多层次模型，解决复杂问题。然而，深度学习依赖数据规模，存在不可解释性、安全性、可靠性问题，易受攻击。新一代人工智能需解决两代问题，构建健壮理论，发展安全可信的技术，以推动应用创新。

（二）自动驾驶规范

自动驾驶车辆是指以人工智能、视觉计算、全球定位和车路协同等技术为主要手段，通过计算机自动控制，使车辆通过感知环境和规划路径进行导航行驶的智能车辆。自动驾驶技术将车辆、交通、行人等角色融为一个数据整体进行最优道路规划。国际自动机工程师学会（SAE International）对自动驾驶技术作出了六级自动化级别的定义。L2 及以下，由驾驶员主导监视环境，这是当前量产车最主流的一种自动驾驶技术。L3 及以上，由系统监视环境。L2 到 L3 是一个明显的分界点——从高级辅助驾驶向自动驾驶过渡。L0 是纯手动模型，自动驾驶系统能短暂干预车辆控制；L1 是驾驶员和自动驾驶系统共同控制车辆；L2 是自动驾驶系统完全控制车辆加速、制动和转向等部分功能；L3 是驾驶任务可安全脱离驾驶员来执行，自动驾驶系统可以处理如紧急制动这种紧急情况，当车辆需要驾驶员控制时，司机必须在制造商设定的时间内控制车辆的行驶；L4 与 L3 定义类似，驾驶员如果没有重新驾驶汽车，那么车辆必须减速并停车；L5 完全不需要人工干预，自动驾驶车辆理论上可以在任何时间、在世界的任何路段自由行驶，完全无须与驾驶员有任何交互。尽管行业内很多企业都把 L5 视作终极目标，但无论是在法律法规上，还是在技术成熟度上，都存在许多未解决的问题，实现 L5 还需要很长时间。

（三）安全图像共享技术

秘密共享技术为信息的存储与管理领域开辟了新的途径，它革新了传统的加密范式，通过分散成员权限及增强防欺诈能力，在信息的传输过程、存储状态以及安全应用等方面均产生了深远的影响。这一技术最初聚焦于文本的加密与解密环节，然而，随着科学技术的不断进步，多媒体信息如雨后春笋般涌现。其中，图像作为多媒体信息的核心组成部分，在军事、政治以及人们的日常生活等众多领域均扮演着举足轻重的角色。当前，针对图像的加密与解密技术已成为科技研发领域的热点话题。这一技术不仅要求能够有效地保护图像信息的机密性，还需确保在传输和存储过程中不被非法篡改或泄露。因此，如何在保证图像信息安全的前提下，实现高效的加密与解密操作，成为科技工作者亟待解决的关键问题。秘密共享技术在这一领域的应用，无疑为解决上述问题提供了新的思路和方案。

（四）可信人工智能技术

传统的加密技术主要聚焦于静态数据的保护，即在数据的传输与存储阶段确保其安全性，然而，在执行过程中动态数据的保护却往往被忽视。相比之下，利用可信执行环境所提供的硬件级安全保障，在隔离的安全区域内，能够以未加密的明文形式安全地执行代码和处理数据。随着人工智能技术在各行各业的广泛应用，其所面临的可信性问题也日益凸显。特别是在移动平台和云服务领域，安全与信任问题已成为制约其进一步发展的关键因素。因此，构建基于硬件的可信计算环境显得尤为重要，它能够为这些平台提供必要的安全保障，确保数据在处理和传输过程中的完整性和机密性，从而增强用户对人工智能技术的信任度。

二、自动驾驶应用场景

自动驾驶技术作为汽车产业与人工智能、高性能计算、大数据分析及物联网等前沿信息技术的深度融合成果，与交通出行、城市管理等多个领域形成了紧密的联系，对缓解交通拥堵、降低事故率、构建安全高效的未来城市交通体系以及推动汽车产业转型与城市交通规划变革具有深远影响。然而，目前自动驾驶技术的应用主要局限于特定场景和低速环境，涵盖物流配送、公共交通服务、农业生产、矿山与建筑工地安全提升、港口机场作业、环境卫生维护等多个领域。

（一）物流配送行业的革新

在物流与配送领域，自动驾驶技术正引领一场革命性变革。传统的人工驾驶卡车和快递车辆不仅要求司机长时间保持高度专注，还常面临交通拥堵、疲劳驾驶等挑战。相比之下，自动驾驶卡车和配送车辆能够实现全天候不间断作业，显著提升运输效率。它们能够精准按照预设路线行驶，自动规避交通障碍，有效减少运输过程中的风险和延误。在大型物流园区内，自动驾驶叉车和搬运车辆亦能高效完成货物装卸与搬运任务，降低人力成本，减少操作失误。

（二）公共交通服务的优化

自动驾驶技术在公共交通领域同样展现出巨大潜力。自动驾驶公交车能够按照固定线路和时间表稳定运行，为乘客提供更加准时、舒适的出行服务。在特定区域，如园区或新开发城区，自动驾驶微循环巴士能够灵活穿梭，满足居民短途出行需求。此外，自动驾驶地铁和轻轨列车的研发与试点亦在持续推进，有望进一步提升轨道交通的安全性和运营效率。

（三）农业生产的智能化

农业领域同样受益于自动驾驶技术。自动驾驶拖拉机和收割机能够在农田中精准作业，根据土地地形和作物生长情况自动调整作业模式。这不仅减轻了农民的劳动强度，还提高了作业精度和效率，降低了农药和化肥使用量，推动了更加环保、可持续的农业生产。在播种作业中，自动驾驶设备能够确保种子播种密度和深度均匀一致，为作物生长创造良好条件；在收获季节，自动驾驶收割机能够准确判断作物成熟度，最大限度地减少损失。

（四）矿山与建筑工地的安全提升

在环境恶劣、危险系数高的矿山和建筑工地，自动驾驶技术发挥了重要作用。自动驾驶矿车能够在矿山中高效运输矿石，避免工人在危险环境中作业；它们能够适应复杂地形和路况，按照最优路线行驶，提高矿山生产效率和安全性。在建筑工地上，自动驾驶装载机和起重机等设备能够精准完成物料搬运和施工任务，降低事故发生风险。

（五）港口与机场的高效运营

在港口和机场，自动驾驶技术展现出广阔的应用前景。自动驾驶集装箱卡车能够在港口内高效运输货物，与码头装卸设备实现无缝对接；自动驾驶行李牵引车能够在机场准确运输行李，提高机场运营效率和服务质量。

（六）环卫工作的自动化

在环卫领域，自动驾驶清扫车和垃圾运输车能够在城市道路上自动作业。它们能够按照预定路线清扫街道，避开行人和其他车辆，提高环卫工作效率和安全性。

然而，自动驾驶技术在不同行业的广泛应用仍面临诸多挑战。技术可靠性和安全性是首要问题。尽管自动驾驶技术已取得显著进展，但在复杂环境和突发情况下仍可能出现故障和误判。因此，设计者需不断加强技术研发和测试，提高系统稳定性和可靠性。其次，法律法规和政策的制定亦需跟进。自动驾驶技术的应用涉及交通规则、责任认定等法律问题，政府需及时出台相关法律法规，为其发展提供明确指导和规范。最后，公众接受度亦需提升。部分人群对自动驾驶技术存在担忧和恐惧，需加强宣传和教育，提高公众对其的了解和信任。

综上所述，自动驾驶技术在多个行业领域内展现出了广泛的应用前景，其蕴含的发展潜力与社会价值不容小觑。随着技术的持续革新与优化，自动驾驶技术必将为人们的日常生活带来前所未有的便捷与革新。

第七章　人工智能技术应用的伦理问题及其治理

第一节　人工智能技术应用的伦理问题

一、人工智能技术应用伦理问题遵循的原则

（一）人类利益原则

人工智能的终极使命应当设定为服务于人类的整体利益，这一核心理念深刻体现了对基本人权的深切尊重，旨在最大化人类与自然环境所享有的福祉，并力求将技术风险及其对社会可能造成的负面效应降至最低。基于这一根本原则，相关政策和法律框架的构建需聚焦于为人工智能技术的健康发展营造一个良好的外部环境。这不仅要求法律与政策层面的精心设计与实施，还强调了对社会个体进行人工智能伦理观念与安全意识教育的必要性，旨在培养公众对于人工智能技术潜在滥用风险的警觉意识。通过这一系列举措，能够构建一个既能够促进人工智能技术进步，又能有效防范其潜在危害的社会生态，从而确保人工智能技术能够稳健地服务于人类的长远福祉。

（二）责任原则

为了构建一个全面且有效的责任体系，需要在技术开发与应用的双重视角下分别确立明确的责任归属。在技术开发层面，需构建一套机制以确保能够对人工智能技术的开发者或相关部门进行问责；在技术应用层面，需构建一个公正合理的责任与赔偿框架。在遵循责任原则的基础上，技术开发应遵循透明性原则，技术应用则应恪守权责对等原则。

透明性原则的核心在于深入理解系统运行机制并预测其未来发展趋势，即确保人类能够洞悉人工智能作出特定决策的依据与逻辑，这对于责任的合理分配具有至关重要的作用。此外，数据来源的透明度同样至关重要。即便是在处理看似无懈可击的数据集时，仍需警惕数据中可能潜藏的偏见风险。因此，透明性原则还进一步要求在技术开发过程中，要密切关注多个人工智能系统协同工作时可能产生的负面效应，以确保技术的稳健与安全。

（三）权责一致原则

在人工智能技术广泛的应用领域内，权利与责任相协调的原则尚未能全面融入商界与政府对于伦理规范的实践之中，这一现状主要归因于在人工智能产品与服务的研发及生产流程中，工程师与设计团队时常未能给予伦理问题充分的重视。此外，整个人工智能行业尚未形成将各利益相关方需求纳入综合考量的标准工作流程，同时，人工智能企业在保护商业秘密的过程中，也未能实现与透明度要求的合理平衡。

未来，政策与法律体系应当对此作出明确且具体的规定：一方面，对于必要的商业数据，应当确保其得到妥善的记录与保存，相应的算法也应置于有效的监督之下，商业应用的各个环节则需经历严格的审查流程；另一方面，商业主体依然享有利用合理的知识产权或商业秘密措施来保护其核心技术与参数的权益，但这一权利需在不影响透明度要求的前提下得以行使。通过这些措施的实施，有望推动人工智能领域权利与责任原则的深入落实，进而促进该行业的健康与可持续发展。

二、人工智能技术应用的伦理风险类型

在人工智能技术的广泛实施过程中，会面临诸多复杂且多样的风险挑战，这些风险不仅与技术本身的成熟度与可靠性紧密相关，还与社会环境、法律体系以及伦理道德等多个维度存在着深刻的联系。从技术维度来看，人工智能系统可能潜藏的技术缺陷与不足，构成了风险产生的一个重要源头。

在技术层面，算法偏见、隐私泄露、岗位替代及系统不可解释性等问题凸显，相关部门需加强监管与规范，提升算法公平性与透明度，强化安全防护。

数据隐私与安全性问题是人工智能技术应用中不可忽视的一类风险。随着人工智能系统对海量个人数据的依赖程度日益加深，个人隐私保护面临着前所未有的严峻挑战，数据泄露的风险也随之显著上升。数据的非法获取、滥用或泄露，可能会引发一系列严重的后果，包括但不限于个人身份的非法盗用以及精准营销的滥用，这些行为严重侵犯了个人隐私权益，并可能对社会秩序造成负面影响。更为严重的是，黑客的恶意攻击以及数据泄露事件，还可能对人工智能系统的整体安全性构成重大威胁，一旦系统遭受攻击或数据被篡改，不仅损害系统的正常运行，还可能波及整个社会的安全与稳定，进而引发更为深远的连锁反应。因此，必须高度重视人工智能技术应用中的风险问题，并采取切实有效的措施加以防范与应对。

在应用人工智能技术的过程中，可能引发一系列社会和伦理层面的深刻问题。与此同时，人工智能系统的决策流程往往欠缺足够的透明度，这一现状容易致使公众对决策结果的公正性与合理性产生疑虑，进而可能削弱社会的整体凝聚力与信任基础。更为严峻的

是，人工智能技术的广泛应用可能会使人类在某些关键决策领域丧失主导权，这种权力的转移不仅可能侵蚀人类的自主性，还可能对人类的尊严构成潜在的威胁。

人工智能技术应用的风险范畴广泛涵盖了法律与道德领域的诸多挑战。随着人工智能技术的不断演进与渗透，如何在法律框架内合理界定人工智能的权责边界，如何确保人工智能技术的运用符合社会伦理与道德规范，已成为亟待解决的重要问题。这些风险与挑战不仅要求我们在技术层面不断探索与创新，还需要在法律、伦理与社会治理等多个维度进行深入的思考与应对。

第二节　人工智能技术应用的具体风险

一、人工智能技术应用的大数据风险

（一）数据非法获取风险

随着人工智能技术日新月异的进步，社会运作效率的大幅提升促使数据获取手段日益多样化，然而，这一趋势同时也引发了非法数据获取的潜在危机。黑客侵袭、设备盗取、内部信息泄露以及身份假冒等行为，已然成为非法获取数据的主要渠道。此类活动不仅严重侵犯了个人隐私权益，还给个人生活、企业商业机密乃至国家安全带来了难以估量的巨大损害。具体而言，黑客的恶意攻击可能导致整个系统陷入瘫痪状态或者造成敏感数据的严重泄露，设备的非法盗取则会让个人隐私信息完全暴露于危险境地，而内部信息的泄露无疑会严重损害相关机构的公众形象与市场竞争优势。面对这一系列严峻的风险挑战，社会各界亟须采取更为严密的技术防护措施与更加完善的法律法规体系来予以有效防范和严厉制裁。通过不断提升技术手段的防御能力，加强数据保护的安全性，同时完善相关法律法规的制定与执行，才能从根本上遏制非法数据获取行为的蔓延，切实维护个人隐私、企业利益以及国家安全的稳定与繁荣。

（二）数据偏见风险

人工智能系统的决策过程，是依据庞大的数据集合与错综复杂的算法架构构建起来的。然而，数据本身可能存在的偏见或缺失，极易诱使人工智能系统产生倾向性决策。举例来说，若数据集仅仅聚焦于某一特定群体的信息，人工智能模型在决策制定时，可能会忽视其他群体的需求与特性，进而引发对某些群体的不公平对待或忽视现象。这种数据层面的偏见，其影响范围广泛且深远，特别是在医疗领域，数据偏见可能致使诊断结果出现误差或提出不当的治疗建议，从而严重危及患者的身体健康乃至生命安全。

因此，确保数据的全面覆盖与客观真实以及对人工智能算法进行严格的审查与适时的

调整显得尤为重要。通过提升数据的质量与多样性，减少数据偏见的存在，可以为人工智能系统的决策提供更为坚实可靠的基础。同时，对算法进行持续的优化与完善，确保其决策过程的公平性与准确性，也是维护患者权益、保障医疗安全的重要举措。

（三）数据安全保护风险

人工智能模型的培育与实施高度依赖于规模庞大的数据集，然而数据安全问题如同一把双刃剑，时刻威胁着人工智能系统的稳健运行。数据集一旦遭受篡改或被恶意攻击者所利用，极有可能诱导人工智能系统作出错误的判断与决策，进而对个人隐私、企业运营乃至整个社会的福祉造成不可估量的损害。鉴于此，为了有效应对这一潜在风险，社会各界亟须采取一系列周密的安全防护措施。

加密技术作为一道坚固的防线，能够确保数据在传输与存储过程中的保密性，防止未经授权的访问与泄露。同时，严格的权限管理机制也至关重要，它通过对不同用户设定合理的访问权限，防止数据被非法获取或滥用。此外，安全审计作为一种有效的监督手段，能够及时发现并纠正数据操作中的违规行为，确保数据的完整性与可信度。这些安全保护措施的有机结合，不仅能够提升数据的保护水平，还能够为人工智能系统的安全运行提供坚实有力的保障。

二、人工智能技术应用的生成式人工智能技术相关风险

（一）错误内容误导风险

随着生成式人工智能技术日新月异的进步，其所产出的内容在真实感与细腻度方面，已经日益逼近乃至在某些情境下超越人类创作的水平，甚至能够成功通过图灵测试这一高难度验证。然而，这一显著成就的背后，也伴随着不容忽视的误导风险挑战。具体而言，人工智能系统所生成的内容虽然在逻辑构造上可能显得无懈可击，但实则可能隐藏着荒谬或错误的元素，特别是在针对特定问题的回答场景中。

在这种情形下，用户往往难以分辨真伪，容易在缺乏足够辨识力与判断力的情况下，被误导并作出错误的决策。这不仅可能损害用户的个人利益，还可能对社会整体造成不良影响。因此，为了有效应对这一挑战，亟须采取一系列切实有效的措施来精准识别并及时纠正错误内容。这包括但不限于引入先进的错误检测算法、加强内容审核力度以及提升用户的信息素养与辨识能力，以确保人工智能系统所生成的内容在准确性与可信度方面达到更高水平，从而更好地服务于人类社会。

（二）著作权侵权风险

生成式人工智能技术的广泛渗透与深入应用，在推动创新与效率提升的同时，也悄然引发了著作权侵权的新一轮风险挑战。具体而言，利用人工智能技术所生成的作品，有可

能与现存且受著作权法严格保护的作品展现出惊人的相似性。这一现象的根源，往往在于训练数据集中不自觉地囊括了诸多受著作权保护的图片、文字或其他形式的创意作品。在此情境下，若未经著作权人的明确授权与许可，擅自利用此类数据进行模型训练，极有可能触犯著作权法的相关规定，构成对他人知识产权的侵犯。

为了有效规避这一潜在的法律风险，维护著作权人的合法权益，必须采取更为严谨细致的措施，加强对训练数据的筛查与审核力度。这不仅要求在数据收集与预处理阶段就应具备高度的敏感性与警惕性，对数据的来源、权属及使用目的进行详尽的核查与确认，还应建立起一套完善的数据管理机制，确保训练数据的合法性与合规性。此外，构建并不断完善相应的法律与政策框架，明确界定人工智能生成作品的著作权归属、使用权限及侵权责任，也是保护著作权人合法权益、促进人工智能技术健康发展的重要保障。

（三）内容审查困难风险

生成式人工智能技术的迅猛进步，为内容审查领域带来了前所未有的严峻挑战。鉴于该技术所生成的内容种类繁复多样，且更迭速度之快超乎想象，传统的审查方式已难以有效应对这一现状，其局限性日益凸显。虽然人工智能系统在内容审查方面展现出了一定的潜力与应用价值，但其审查的准确性却受到诸多复杂因素的制约，诸如审查对象的多样性、技术本身的持续迭代等，均对审查效果产生了不可忽视的影响。

为了应对这一挑战，降低内容审查难度所带来的潜在风险，必须采取多元化的审查策略，将人工审查与技术审查紧密结合，形成优势互补。具体而言，人工审查能够凭借其深度理解与判断能力，对复杂、敏感的内容进行精准识别与评估，技术审查能够凭借其高效、快速的特点，对大量内容进行初步筛选与过滤。通过两者的有机结合，不仅能够显著提升审查的准确性，还能够大幅提高审查的效率，从而有效应对生成式人工智能技术所带来的内容审查挑战。

三、人工智能技术应用的自动化决策风险

（一）公平丧失风险

自动化决策过程在遭遇数据偏见时，极易引发不公平的结果，而即便数据本身呈现出中立性，亦有可能孕育出具有歧视性的决策，这归咎于人工智能技术所固有的局限性。尽管在数据收集阶段，力求公正与客观，但是，某一特定行业中在男性从业者占据主导地位的情况下，自动化决策系统可能基于数据的表象，错误地推断出男性更适宜从事该行业，从而作出有偏见的决策。这一现象的根源在于，自动化决策系统在制定决策时，往往缺乏对社会文化背景、历史遗留问题等多重因素的深入考量，仅仅依赖于数据的直接呈现进行简单判断。

因此，为了确保决策过程的公平性与公正性，仍需依赖人类的智慧与判断力，对自动化决策进行必要的修正与调整。这要求在利用自动化决策系统时，不仅要关注数据的准确性与完整性，还要注重数据的解读与运用方式，避免数据被片面解读或误用，从而导致不公平的决策结果。同时，还应积极引入多元化的视角与知识，对自动化决策系统进行全面的评估与优化，以期在最大限度上减少其固有的缺陷，提升决策的质量与公信力。

（二）即时决策的应对不及风险

相较于人类决策而言，自动化决策系统在处理问题时，可能缺乏足够的深思熟虑与前瞻性预期，这往往会增加应对不及的风险。在某些特定且复杂的情境中，自动化决策系统有可能会在人类尚未充分识别潜在风险之前，就迅速作出错误的决策，而人类在这一过程中往往难以迅速反应，进而难以及时地应对由错误决策所引发的后续风险。更为棘手的是，在某些情境下，自动化决策系统的决策结果可能会远远超出人类的预期范畴，这不仅增加了人类理解与评估决策难度的系数，也使得人类难以及时且有效地对错误进行修正与调整。

因此，为了确保自动化决策系统的决策质量与可靠性，必须对其决策过程进行更为严格的监控与评估，同时不断提升人类的决策参与度与干预能力，以期在最大限度上降低由自动化决策系统所引发的风险与不确定性。

第三节　人工智能技术应用风险的规避路径

人工智能技术的潜在风险，已经成为人类社会无法忽视且亟待解决的重大议题。从哲学视角深入剖析，人工智能尚不具备真正意义上的自主性，其算法逻辑的运作亦无法超越人类设定的框架，呈现出显著的离身性特征，这从根本上决定了人工智能在伦理实践活动中无法脱离人类主体的指导与约束。因此，对人工智能进行精准的道德定位，已成为当前亟待解决的关键问题。在应对由人工智能技术所引发的伦理风险时，必须采取一系列行之有效的措施，对责任进行明确划分，并将道德原则制度化，以此作为规范人工智能技术发展的坚固基石。具体而言，既要积极引导人工智能技术参与到人类社会的实践活动中，充分发挥其独特的优势与价值，为人类社会的发展贡献力量，又要对人工智能技术的发展进行严格的道德约束，确保其始终在可控的范围内运行，避免其潜在风险对人类社会造成不可逆转的损害。只有这样，才能真正实现技术服务于人的最终目的，推动人工智能技术与人类社会的和谐共生与可持续发展。

一、人工智能风险应对的伦理规范

（一）构建人机发展新型伦理关系

人工智能技术历经多年的蓬勃发展，已经与社会结构深度融合，形成了高度嵌套的紧密关系。无论是身处哪一个行业，人们的日常生活都已无法与人工智能技术相割裂，它已渗透到我们生活的方方面面。在此背景下，人与人工智能之间的复杂关系，成为制定伦理规范时必须深入考量的核心要素。具体而言，这种关系的性质与特征，将直接塑造并决定人类与人工智能实体之间相处的模式与准则。换言之，人类与人工智能的关系并非一种简单的、单向的关联，而是一种充满互动与反馈的动态过程。在这一过程中，人类的行为与态度，将直接影响人工智能的发展方向与应用效果；同时，人工智能的性能与功能，也将反过来塑造人类的生活方式与价值观念。因此，必须审慎地审视并构建人类与人工智能之间的伦理关系，确保这一关系的健康发展，以促进人工智能技术的可持续发展，并维护人类的福祉与尊严。

1. 人际关系

从人际关系的维度来审视，人与人工智能之间的互动主要可被划分为三种类型：主从关系、辅助关系及伴侣式关系。本质上，人工智能技术的核心目的在于弥补人类在功能性层面的局限与不足，因此，在其发展过程中，人类始终处于主导地位，扮演着引领与主导的角色。人工智能的首要职责在于遵循并执行人类的指令，这种从属性的特质构成了人与人工智能之间的主从关系。

人工智能技术凭借其强大的能力，能够协助人类完成一系列原本难以达成的任务或是极大地节省人类的时间与精力。其内在的学习机制使人工智能不再局限于单一的功能范畴，而是能够展现出多样化的功能，并适应广泛的应用场景。这种功能的多元化不仅提升了经济性，也带来了更大的便捷性。人类对人工智能技术的使用是长期且持续的，它已逐渐成为适应普遍场景的重要工具。随着人工智能技术的深入渗透，人类对其的依赖程度日益加深，这种依赖不仅体现在日常任务的完成上，更体现在情感与心理的陪伴上。人与人工智能之间逐渐建立起一种陪伴关系，人工智能成为人类生活中不可或缺的一部分。在面对具体场景及人类难以独自解决的问题时，人工智能技术能够提供有效的帮助与支持，这种依赖性进一步推动了人工智能技术向更加人性化的方向发展。

2. 行为关系

依据行为互动的特性，可以将人与人工智能之间的关系划分为协同合作、竞争对抗及对立冲突三种类型。其中，协同合作关系体现了人与人工智能之间的紧密协作与共同努力，这是人与人工智能交互中的主导模式。技术作为人类存在方式的延伸，其本质在于扩展人类的实践活动能力，因此，构建人机和谐共生的协同关系，成为人类发展与应用人工智能技术的根本目标。在科研领域，人工智能与科研人员的协同合作展现出了巨大的潜力与价值。通过智能化的辅助工具，科研人员得以从烦琐的文献整理与数据筛选工作中解放出来，从而将更多的精力与智慧投入科学研究的核心环节，这极大地提升了科研工作的效率与质量。人机协同的和谐关系，不仅促进了科研创新的加速推进，也为提高社会生产力开辟了新的路径。从更宏观的视角来看，人机和谐的协同关系是实现生产力飞跃的理想模式。在这一模式下，人工智能与人类能够充分发挥各自的优势，形成优势互补、协同共进的发展格局，共同推动社会生产力的持续提升与变革。因此，构建并维护人机和谐的协同关系，对于推动人工智能技术的健康发展与社会的全面进步具有至关重要的意义。

3. 以人为主的人机复合主体

人工智能实体已展现出模仿人类行为并自主作出适应具体应用场景决策的能力。然而，这一进步在带来便利的同时，也引发了责任归属的复杂问题，其中“算法不透明性”与技术中立原则成为责任划分的重大挑战。此外，鉴于人工智能实体可能成为潜在风险的源头，不能将其置于伦理规范的框架之外，使之成为人类挑战社会公正原则的工具。针对上述两点核心问题，必须认识到，随着人工智能技术的日益成熟，其模仿人类行为的能力已不容忽视。因此，人工智能实体应被视为一种类人的“准主体”，这不仅意味着它们应受到法律的监管与约束，更表明在道德层面上也应对其进行必要的规范与引导。通过这样的方式，可以确保人工智能技术的发展既能够服务于人类的福祉，又能够维护社会的公正与和谐。

（二）人工智能辅助道德决策进路

随着人类活动范围的持续扩张与能力的提升，人类所面临的生存环境威胁已逐渐由自然风险转向由人类活动引发的人为风险，其中核武器、基因编辑、生化实验等技术风险日益凸显，成为主导性的威胁来源。与此同时，风险社会所带来的伦理挑战前所未有，这些问题超越了过往经验的范畴，难以用传统方法解决。

在人工智能领域，“辅助”一词在道德决策中扮演着重要角色，但其应用具有明确的边界。人工智能道德助手并非万能，而是旨在辅助人类的道德决策过程。面对复杂的道德判断，人工智能道德助手能够分析各种行动方案的合理性及其潜在影响，进而提供建议。这一过程中，人工智能道德助手实现了绝对性与开放性的结合，即在大多数相对共识和易于判断的决策中提供唯一解，而在道德冲突中则提供具有开放性的决策建议，供使用者参考。

然而，最终决策权仍应掌握在人类手中，因为道德规范的核心在于服务人类，而人类对道德的认同度是人工智能道德助手等外部系统无法感知的。此外，绝对理性的道德并不存在，任何道德分类都带有主观性。因此，人工智能作为道德顾问参与人类的道德判断和选择，成为人工智能发展的一个重要方向。尽管人工智能技术伴随着潜在风险，但不能因噎废食，而应充分发挥其优势，并在道德实践中探索应对伦理风险的方法。

二、人工智能的责任伦理实践要求

（一）责任伦理对人的权利的捍卫

人工智能技术对人类权利与主体地位的潜在威胁，显著地体现在对公平正义原则的侵蚀以及责任归属划分的模糊性上。为了有效应对这一挑战，责任伦理框架下的制度设计显得尤为重要，它强调通过强化政府的监管角色，同时削弱市场的自发作用，来实现责任的制度化，确保人工智能技术的风险处于可控状态。政府的积极干预，实质上是对道德原则的制度化体现，旨在构建一个稳定且可预测的规则体系。一个合理的制度框架与恰当的标准设定，是确保公平正义得以彰显的关键。这意味着，在制度设计上必须秉持一视同仁的原则，尊重每个人的独立性与目的性，这是道德制度化不可或缺的基础。因此，捍卫人类的基本权利，成为责任伦理最为核心的原则，它要求在技术发展与社会进步的进程中，始终将人的尊严与权益置于首位。

在公平正义的衡量上，人工智能技术展现出了独特的优势。其形式上的自主性与逻辑性，确保了人工智能在处理公平正义问题时能够保持客观中立，不受个人情感或偏见的影响。这使人工智能有可能成为公平正义的忠实捍卫者，通过精准的数据分析与算法优化，为社会的公平正义提供有力的技术支持。然而，有人可能会质疑，人工智能所裁量的公平正义是否仅仅停留在形式层面（程序正义）。对此，我们应当认识到，人类在将道德规范制度化的过程中，已经蕴含了对实质正义的追求。程序正义并非孤立存在，而是建立在实质正义的价值规范基础之上。因此，人工智能在维护公平正义方面的作用，不应仅仅被视为一种形式上的保障，而应被视为推动社会正义事业向前发展的重要力量。

基于当前的技术发展水平，未来人工智能实现完全自主性的可能性似乎并不乐观。尽管人工智能实体已在一定程度上展现出形式上的自主或弱自主性特征，但其在充当完全责任主体方面的能力仍显不足。与此同时，人类主体亦难以凭借对智能算法的完全掌控来承担人工智能的全部责任，因此，将部分责任赋予人工智能本身显得尤为必要。

将人工智能纳入责任体系之中，其首要目的在于引导其正确履行职责。一方面，人工智能技术的发展初衷是服务于人类社会，提升人类生活的品质。相较于单纯地对人工智能风险进行围追堵截，通过智能算法的学习性来引导人工智能作出正确的决策，无疑是一种更为高效且可持续的策略。在这一过程中，人工智能能够逐渐在形式上形成对何为正确、何为不当行为的认知。另一方面，人工智能与人类主体之间存在着紧密的依附关系。这种绑定性意味着，在人工智能从开发到应用的每一个环节，都需要不同行为主体的人类来承担主要的责任。这既是对人工智能技术滥用风险的有效防范，也是确保人工智能技术能够沿着正确方向发展的必要保障。因此，在构建人工智能责任体系时，应充分考虑人类主体在其中的关键作用，确保人工智能技术的健康发展与社会的和谐稳定。

（二）复合主体的伦理责任重构

尽管人工智能技术的当前发展阶段限制了其成为独立道德主体的可能性，但其卓越的运算能力和超越人类的逻辑分析能力，在特定领域内相较于人类展现出了显著的优势。鉴于此，利用人工智能辅助人类进行道德决策成为一种切实可行的方案。在这一由人与人工智能构成的复合主体架构中，人工智能扮演着拟主体的角色，从属于人类。此复合主体架构的提出，随即引出了责任伦理领域的两大核心议题：一是如何明确界定责任的边界，即责任划分的问题；二是如何确保责任得到有效执行，即责任强度的问题。在责任划分层面，需要细致考量人工智能在辅助决策过程中所扮演的具体角色以及其行为对人类决策可能产生的影响，从而合理界定人工智能与人类各自应承担的责任范围。而在责任强度方面，则需关注如何设计有效的机制，以确保人工智能在辅助决策时能够严格遵守既定的道德准则，并在必要时对其决策结果进行必要的审查与纠正，从而保障责任的切实履行。

1. 复合主体的责任边界

在由人类作为核心，人工智能作为依附于人的“拟主体”所构成的复合主体架构中，人类承担着主要的责任。从开发者的视角出发，不仅要严格遵循开发过程中的伦理准则，还必须秉持审慎原则来推进人工智能技术的研发。这意味着，在开发每一项新的功能或特性时，开发者都应以实现零风险为终极目标，并通过严格的实践测试来验证技术的安全性与可靠性。在功能设计层面，开发者应坚守正义原则，确保所开发的人工智能功能与实践应用能够最大限度符合最终受益者的最大利益。这要求开发者在功能设定时，不仅要考虑技术的实用性，还要关注其对社会、伦理及人类福祉的潜在影响。而从使用者的角度来看，应以避免造成最大恶果为基本原则，指导其在实践中的应用行为。在这一过程中，使用者可以借鉴“贝叶斯准则”的思维方式，通过不断更新对人工智能技术应用后果的认知与评估，来作出更加明智与负责任的决策。这要求使用者在应用人工智能技术时，不仅要关注其直接效果，还要深入考虑其可能引发的间接影响与长远后果，从而确保技术的使用能够真正造福人类社会[①]。

2. 复合主体的责任强度

在复合责任主体的框架下，虽然人工智能作为拟主体被引入以分担部分责任，但人类

① 甘绍平．一种超越责任原则的风险伦理［J］．哲学研究，2014（9）：87-94.

主体依然扮演着责任承担的主要角色。由于算法的黑箱特性，人们只能通过观察人工智能在输出端所展现的特征与行为，来评估其是否符合道德规范。而人类主体的责任，则更多地聚焦于为人工智能的发展设定前提性规范与框架。智能算法的责任归属问题，根源深植于算法创构过程中的前提性预设与规定层次。这意味着，无论人工智能在哪个环节出现问题或事故，开发者都不可避免地需要承担一定的责任。为了有效确保责任的落实与追究，专门的政府机构需要承担起监管者的角色，发挥其监督与管理的作用。人工智能从开发到应用的每一个环节，都需要与人类主体紧密相连。为了确保责任的明确与有效分配，监管者需要根据实际情况，以制度化的方式将责任进行细致划分与明确界定。在这一过程中，不仅需要考虑人工智能技术的特性与潜在风险，还需要充分考量人类主体在技术发展与应用中的责任与义务，以确保人工智能技术的健康发展与社会福祉的最大化。

（三）算法透明的责任伦理要求

人工智能技术风险的主要源头在于算法层面，算法的黑箱特性使得公众对其内部运行逻辑与规则的了解颇为有限，通常仅能依据智能体所展现的输出结果来间接评价算法的性能。对于那些因涉及公司机密或专利保护而处于保密状态的算法，执法部门在追责过程中往往需要依据相关制度进行严格的取证工作。在智能社会背景下，这两类算法的不透明性成为追责取证过程中的一大障碍。

算法透明度的提升，能够有效保障风险的可控性，而从风险具有的远距离特性来看，其还具有重要的长远意义。具体而言，构建属性机制备份以及采用 AFST 等验证方式，可以为研究过往的算法成果提供有力支持。这些研究不仅有助于深入理解算法的运行机制，还能为人工智能技术的未来发展以及未来社会的安全保障提供宝贵的经验与启示。因此，加强算法的透明度建设，不仅是当前应对人工智能技术风险的重要举措，也是推动人工智能技术健康、可持续发展的必然要求。

三、人工智能技术的伦理实践进路

在高度体系化与链条化的社会架构中，人工智能技术发展的任一环节若失去控制，均可能触发一连串的负面效应。为确保各个环节的稳定可控，必须采取强有力的保障措施。面对技术风险，个人责任与社会责任日益趋同，道德准则与法律条款亦呈现出逐渐融合的趋势。这一同质化现象的根源在于风险的不可预测性与难以控制性，它要求责任的有效分配与落实。鉴于此，需要从法律框架与价值观念两个维度出发，对人工智能技术的发展进行引导与规范。在法律层面，应建立健全相关法律法规，明确责任主体与追责机制；在价值观念层面，需倡导科技向善的理念，强化人工智能技术的伦理道德约束。对于已经出现或潜在的技术失控风险，应果断采取熔断机制，及时切断风险传播的链条，从而确保技术始终服务于人类的福祉与社会的可持续发展。

（一）风险社会的责任制度化

在人类作为核心主体、人工智能体作为从属的拟主体所构成的复合道德主体架构中，两者共同参与实践活动，并通过明确的责任划分来确保行动的合理性与正当性。这一架构要求在实践过程中必须清晰界定权利与义务，维护社会正义，并准确厘清责任的边界。法律作为道德要求的最低表达，不仅是维护社会秩序、保障社会正义的重要工具，也是界定个体权利与义务的关键依据。鉴于人工智能技术在实践应用中所面临的复杂伦理挑战，无法忽视法律在其中的基础性作用。为了有效应对人工智能可能带来的伦理风险，必须建立健全的法律规制体系。这一体系不仅应涵盖对人工智能技术应用的全面监管，还应包含对伦理风险的预防、识别与应对机制，确保人工智能技术在合法、合规的轨道上稳健前行，真正实现技术服务于人类社会的初衷。

1. 设立监管风险的政府机构

人工智能已深度融入现代社会的各个层面，其风险的共生性意味着人工智能技术的伦理挑战将持久地伴随人类社会的发展。在这一背景下，政府机构凭借其独特的强制执行力和维护社会稳定的职责，成为监管与引导人工智能发展的核心力量。该机构的首要任务在于积极应对并有效规避人工智能可能引发的风险，旨在预防社会危机的发生，并在危机不可避免地爆发时，将潜在的危害降至最低水平。除此之外，政府机构还需承担起对人工智能风险进行日常监管的重要职责。这要求政府机构不仅需具备高效的组织动员与领导力，以便在危机时刻能够迅速统筹社会资源、合理调配人力，并协调各方力量共同应对人工智能可能带来的危机与损害，还需在日常监管工作中，对人工智能技术的开发者、生产者及消费者进行全面而细致的监督，确保任何一方均不滥用人工智能技术，对任何违规行为均需严格追究责任。通过上述措施，政府机构将致力于确保人工智能技术的伦理风险始终保持在可控范围之内，从而推动人工智能技术的健康、可持续发展。

2. 完善法律制度规范

与传统法律观不同，除了遵循法理道德基础外还需要充分考虑人工智能体的法律地位。首先是制定专门针对人工智能的法律，需要从开发到使用以及监管责任进行划分，做到在人工智能技术的每一个环节都必须有法可依。其次可以借鉴弗里德里希·尼采提出的“大政治”① 的设想，以人类命运共同体为基础，形成国际性母法规与各国子法律结合的法律制度体系。国际法以共同责任与价值追求为基础，以规避风险为目的，各国需根据本国社会实际情况制定具体的法律，从而在空间上区分责任。

① 尼采．尼采著作全集：第13卷［M］．孙周兴，译．北京：商务印书馆，2010.

3. 全社会参与的监督体系

在人工智能技术的广泛应用与实际操作中，除了依赖专门设立的监管部门的严密监督之外，还需充分利用大数据时代所提供的优势条件，对人工智能技术的发展实施更为全面且深入的监督。具体而言，开发者应基于用户反馈的数据进行深入分析，及时发现并修复算法中存在的漏洞；使用者在使用过程中，一旦发现存在侵犯人权的风险或事故，负有积极举报与监督的责任。与此同时，还应加强对滥用人工智能技术的行为主体（包括使用者和开发者）的反向监督，通过指正、干预等手段，纠正其不当行为。在此监督体系中，监管部门扮演着总览全局的角色，而各行为主体则有权对监管部门的工作进行监督，形成了一种相互制约、相互监督的机制。此外，开发者、生产者与使用者之间也应建立起相互监督的关系，同时，人与人工智能之间也应形成一种互动监督的模式，共同构成了一个严密的监督闭环。

综上所述，为了有效应对人工智能技术的伦理风险，需要构建一个以法律制度为基石、以强有力的政府机构为领导、全社会共同参与的责任认领与监督体系。这一体系应以责任伦理为基础，融入风险伦理的设计理念，确保人工智能技术的伦理风险始终在可控的范围内波动，从而推动人工智能技术的健康、有序发展。

（二）技术服务于人的价值观导向

在当今社会，功利主义与工具理性的盛行已导致一系列问题。尤其是人们对利益的过分追求，促使大数据异化为“信息茧房”，而过度追求工具理性则使得人工智能染上了人类的偏见。在信息爆炸的时代，人们反而被信息的洪流所蒙蔽。因此，人工智能技术的发展必须保持其服务人类的初心。

首先，需要从功利主义转向责任伦理。在当下，功利主义依然根深蒂固，这主要源于人们的需求与社会资源之间的固有差异。然而，在人工智能时代，功利主义所倡导的结果最优化不仅频频失效，还容易引发算法霸权与偏见等伦理风险。这主要是因为人工智能技术引入了算法自主性这一新变量，使得功利主义所追求的结果变得难以预测和难以确定。因此，将功利主义转向责任伦理，是确保人工智能技术发展能够始终坚守以人为本原则的关键所在。

其次，需要从工具理性转向价值理性。在探寻真理的过程中，人们往往追求统一的标准以区分对错，而人工智能算法似乎成了现成的评判标尺。然而，这种将算法视为绝对正确的观点，实际上将世界简化为非黑即白的二元对立，其本身逻辑就是片面的。工具理性的绝对化不仅否定了人的价值，还将人置于技术的客体地位。尽管工具理性在一定程度上推动了社会和科技的进步，但当忽视工具的意向结构，任由工具决定人的价值时，人就可能被技术所支配。

按照风险伦理的理论，应当以平等的态度对待未来的人和陌生人。将功利主义与工具理性的价值重新回归到以人为本的原则之下，将深刻改变人类对待人工智能的态度。片面追求利益，实则是对未来和后果的不负责任。唯有坚持以人为本，才能为人工智能的健康发展奠定坚实的基础，引导其朝着良序运行的方向前进。

（三）人工智能的风险熔断机制

人工智能以其非凡的学习潜能、远超人类大脑的计算速率以及缜密的逻辑处理能力，彰显了可能超越人类引以为荣的智力之巅的潜力。然而，人类历史的长河中从未遭遇过如此前所未见的挑战，缺乏相应的历史经验和先例以资借鉴。显然，人工智能技术的发展暗含着一系列不容忽视的风险。依据风险伦理的理论架构，应当矢志不渝地致力于打造一个对未来负责、确保技术不会失控的社会环境。然而，遗憾的是，目前尚未掌握完全消除人工智能技术风险的方法。

风险熔断机制，从本质而言，是一种侧重于结果反馈并以此为指引的价值原则。其核心宗旨在于，当人类面临负面效应的挑战时，能够迅速提供应对与反应的策略，并从中学习，弥补系统存在的缺陷，进而有效地阻止潜在危险的进一步传播，达成紧急避险的原始目标。随着当代科技的飞速前行，风险预警与实际损害之间所经历的时间段正逐渐缩减，风险的特性愈发呈现出高度的突然爆发性和广泛的波及范围。这一趋势表明，风险不再给予人们充足的时间进行预防与准备，而是以一种近乎即时的方式产生影响，且其波及范围之广，往往超出了人们的预期与控制能力。因此，风险熔断机制的实施与完善，对于应对现代科技快速发展所带来的风险挑战，显得尤为重要与迫切。

综上所述，人工智能技术的发展所附带的风险是难以彻底消除的。因此，在伦理准则的建构、责任归属的明确界定、价值观引领和法律制度建设的实践中，必须坚守人工智能服务于人类社会的核心价值理念。对待人工智能的态度不应仅仅局限于简单的防范与遏制，而应通过积极的引导与调控，实现人机关系和谐共存、人工智能更好地服务于人类社会的长远愿景。

参考文献

［1］陈晓华，吴家富．人工智能重塑世界［M］．北京：人民邮电出版社，2019.

［2］韩维，谢青．人工智能关键技术在电力客户服务中的应用［J］．仪表技术，2024（4）：1-3，12.

［3］贺瑜婧．面向智能技术领域研究的主题识别及其特征分析［D］．南昌：南昌大学，2021.

［4］黄勇．人工智能应用及关键技术分析［J］．信息与电脑（理论版），2020，32（13）：108-110.

［5］景文治．人工智能赋能下关键核心技术突破与制造业智能化升级实证研究［D］．沈阳：辽宁大学，2021.

［6］李杜．浅谈人工智能在虚拟校园中的实现方法［J］．数字技术与应用，2023（9）：43-45.

［7］李进，谭毓安．人工智能安全基础［M］．北京：机械工业出版社，2023.

［8］李雪松．人工智能物联网定位数据采集关键技术研究［D］．北京：北京工业大学，2022.

［9］李毅然．人工智能环境下数据安全的关键技术研究［D］．成都：电子科技大学，2022.

［10］梁计锋．人工智能实现技术及发展研究［M］．哈尔滨：东北林业大学出版社，2023.

［11］刘刚，张杲峰，周庆国．人工智能导论［M］．北京：北京邮电大学出版社，2020.

［12］卢宇，马安瑶，陈鹏鹤．人工智能+教育：关键技术及典型应用场景［J］．中小学数字化教学，2021（10）：5-9.

［13］梁广荣．信息化背景下人工智能在计算机网络技术中的应用探索［J］．产业创新研究，2023（18）：109-111.

［14］凌云．人工智能辅助在线教育的关键技术研究［D］．北京：北京邮电大学，2020.

［15］刘大琨．虚拟现实与人工智能应用技术融合性研究［M］．青岛：中国海洋大学出版社，2019.

［16］史雪莲．医疗人工智能标准体系研究［D］．武汉：华中科技大学，2020.

［17］申时凯，佘玉梅．人工智能时代智能感知技术应用研究［M］．长春：吉林大学出版社，2023.

［18］宋桂岭．面向高等教育的移动机器人教学平台关键技术研究［D］．北京：北京邮电大学，2022.

［19］宋琳．人工智能技术的主体异化问题研究［D］．南京：南京林业大学，2023.

［20］汪书悦．我国人工智能关键核心技术创新能力评价研究［D］．重庆：重庆邮电大学，2021.

［21］王春源．人工智能：新时代技术赋能［M］．北京：中国铁道出版社，2022.

［22］王听忠．人工智能的理论与应用研究［M］．长春：吉林出版集团，2023.

［23］吴超楠．我国人工智能关键核心技术的后发追赶路径研究［D］．重庆：重庆邮电大学，2022.

［24］熊亮．人工智能应用敏捷构建系统关键技术研究与实现［D］．北京：北京邮电大学，2023.

［25］徐政．人工智能技术篇［M］．北京：北京理工大学出版社，2021.

［26］颜光友，张翔．人工智能关键技术专利分析［J］．中国科技信息，2023（18）：25-28.

［27］杨浩．人工智能背景下设计基础教育教学改革研究［J］．吉林艺术学院学报，2023（3）：93-99.

［28］杨清平．人工智能［M］．北京：北京航空航天大学出版社，2022.

［29］姚耀．人工智能关键技术的教学应用研究［D］．长沙：湖南大学，2020.

［30］张泽谦．人工智能［M］．北京：人民邮电出版社，2019.

［31］赵家宁．人工智能发展的创新生态研究［D］．哈尔滨：哈尔滨工业大学，2021.

［32］周自波，张新华．人工智能赋能网络教育：逻辑、机理与路径［J］．成人教育，2023（7）：52-58.

［33］朱肖曼，申志伟，时文丰，等．我国人工智能关键领域技术标准化研究［J］．网络安全与数据治理，2023（9）：65-71.